Guía APPCC/HACCP y HARPC

3ª edición

José Luis Navarro, PhD

Índice

Introducción

El aseguramiento de la inocuidad de los alimentos es uno de los mayores retos a los que se enfrentan todas las partes integrantes de la cadena alimentaria.

A pesar de los requisitos establecidos en las legislaciones y normas internacionales de gestión de la inocuidad y la seguridad alimentaria, las alertas sanitarias y la retirada de productos alimentarios no es un raro evento aun hoy en día.

En la actualidad, el Análisis de Peligros y Puntos Críticos de Control (APPC/HACCP) y el Análisis de peligros y controles preventivos basados en riesgos, en Inglés *Hazard Analysis and Risk-based Preventive Controls* (HARPC), son las dos herramientas de gestión de riesgos en los alimentos requeridas tanto por las legislaciones de los distintos países como por las normas internacionales de gestión de la inocuidad y la seguridad alimentaria.

El objetivo de esta publicación es servir de guía práctica para el desarrollo e implementación del plan APPCC/HACCP y del plan HARPC en las organizaciones pertenecientes a la cadena alimentaria.

Esta publicación está organizada en las siguientes 6 partes:

1. Inocuidad y seguridad alimentaria.

2. Peligros.

3. Plan APPCC / HACCP.

4. Plan HARPC.

5. Medidas de control y controles preventivos.

6. Anexo.

Dado el carácter práctico de esta publicación se incluyen los formularios necesarios para desarrollar e implementar el plan APPCC/HACCP y el plan HARPC.

1 Inocuidad y seguridad alimentaria

1.1 Inocuidad alimentaria

Inocuidad alimentaria es la seguridad que el alimento no causará un efecto adverso en la salud para el consumidor cuando se prepara y/o se consume de acuerdo con su uso previsto.

La inocuidad alimentaria tiene como objetivo el impedir la adulteración accidental o no intencional de los alimentos.

La inocuidad alimentaria se relaciona con la ocurrencia de peligros relacionados con la inocuidad de los alimentos en el producto terminado y no incluye otros aspectos de salud relacionados con, por ejemplo, la desnutrición.

PELIGRO

Peligro relacionado con la inocuidad de los alimentos es todo agente biológico, químico o físico en el alimento con potencial de causar un efecto adverso en la salud.

1.2 Sistemas de gestión de la inocuidad alimentaria

La inocuidad de los alimentos se fundamenta en el desarrollo e implementación de un sistema de gestión de la inocuidad de los alimentos según las siguientes normas internacionales:

- *BRCGS Normal mundial de seguridad alimentaria. Edición 8.*

- *IFS Food 7. Norma para evaluar el cumplimiento del producto y el proceso en relación a la seguridad alimentaria y la calidad.*

- *ISO 22000: 2018 Sistemas de gestión de la inocuidad de los alimentos — Requisitos para cualquier organización en la cadena alimentaria.*

1.3 Seguridad alimentaria

Seguridad alimentaria es la disponibilidad y el acceso a los alimentos.

En la Unión Europea y en España, el concepto de «seguridad alimentaria» puede tener dos acepciones:

- Seguridad de un alimento para el consumo (en Inglés, «food safety»).

- Seguridad del abastecimiento de alimentos para la población (en Inglés, «food security»).

Aun cuando la primera acepción está muy extendida es incorrecta ya que seguridad alimentaria es la disponibilidad y el acceso a los alimentos.

1.4 Calidad alimentaria

Calidad alimentaria es el conjunto de propiedades y características de un producto alimenticio o alimento relativas a las materias primas o ingredientes utilizados en su elaboración, a su naturaleza, composición, pureza, identificación, origen y trazabilidad. Así como a los procesos de elaboración, almacenamiento, envasado y comercialización utilizados y a la presentación del producto final, incluyendo su contenido efectivo y la información al consumidor final, especialmente el etiquetado.

Ley 28/2015 para la defensa de la calidad alimentaria.

La calidad alimentaria se controla en los puntos de control (PC) del proceso productivo del alimento.

1.5 Fraude alimentario

Fraude alimentario es la sustitución, dilución o adición fraudulentas o intencionadas a un producto o materia prima, o declaración fraudulenta del producto o material con el fin de obtener beneficios económicos incrementando el valor aparente del producto o reduciendo su coste de producción.

BRCGS V8.

1.6 Defensa alimentaria

Defensa alimentaria (en Inglés, «food defence») es la protección de los alimentos de posibles contaminaciones intencionadas con el objetivo de causar daños.

Relacionado con este concepto existen estos dos conceptos:

- **Protección del producto** (en Inglés, «product security») o seguridad física del producto contra ataques malintencionados y manipulaciones indebidas.

- **Protección del establecimiento** (en Inglés, «site security») cuya finalidad es evitar el acceso no autorizado a la instalaciones donde se elabora, manipula o almacenan los alimentos.

Bioterrorismo (ataque biológico) es la liberación intencional de virus, bacterias u otros gérmenes que pueden infectar o matar a las personas, los ganados o los cultivos.

1.7 APPCC / HACCP

El **Análisis de Peligros y Puntos Críticos de Control** (APPCC), también denominado Hazard Analysis and Critical Control Points (HACCP), es una metodología de trabajo para identificar y evaluar peligros así como para establecer medidas de control para los peligros centradas en la prevención.

El Análisis de peligros y puntos críticos de control es una metodología de trabajo de evaluación de riesgos y peligros utilizada principalmente en la industria alimentaria aunque también puede utilizarse en la industria de los productos sanitarios y en la industria farmacéutica.

El APPCC / HACCP es uno de los requisitos de los sistemas de gestión de la inocuidad de los alimentos.

1.7.1 Requisitos legales

El desarrollo e implementación de un plan APPCC / HACCP es un requisito, para las industrias alimentarias, establecido en las legislaciones de la mayoría de los países. Así por ejemplo:

- En el caso de Europa, e*l Reglamento (CE) 852/2004, de El Parlamento europeo y del Cconsejo, de 29 de abril de 2004, relativa a la higiene de los productos alimenticio*s, establece en su Artículo 5, 1. la obligación que tiene la empresa alimentaria: *ésta deberá crear, aplicar y mantener un procedimiento o procedimientos permanentes basados en los principios del APPCC.*

- En el caso de los Estados Unidos de América (USA): *Part 108 of Title 21 of the Code of Federal Regulations (CFR)* establece que todas las instalaciones de alimentos que deben registrarse con la FDA deben mantener un plan HACCP para mostrar cómo producirán alimentos seguros de manera consistente.

Países en los que el desarrollo e implementación de un plan APPCC / HACCP no es un requisito establecido para la industria alimentaria:

- Canada.

- India.

- Rusia.

1.7.2 Requisitos normativos

El desarrollo e implementación de un plan APPCC / HACCP es un requisito en las siguientes normas internacionales de inocuidad alimentaria:

- *BRCGS Normal mundial de seguridad alimentaria. Edición 9.* El requisito del APPCC está indicado en el punto: 2. El plan de seguridad alimentaria: APPCC.

- *IFS Food 7. Norma para evaluar el cumplimiento del producto y el proceso en relación a la seguridad alimentaria y la calidad.* El requisito del APPCC está indicado en el punto: 2.2. Gestión de la seguridad alimentaria.

- *ISO 22000: 2018 Sistemas de gestión de la inocuidad de los alimentos — Requisitos para cualquier organización en la cadena alimentaria.*

1.8 Principios del APPCC / HACCP

El análisis de peligros y puntos críticos de control se fundamenta en los siguientes principios:

1. Principio 1. Realizar un análisis de peligros e identificar las medidas de control.

2. Principio 2. Determinar los puntos críticos de control (PCC).

3. Principio 3. Establecer límites críticos validados para los PCC.

4. Principio 4. Establecer un sistema de vigilancia del control de los PCC.

5. Principio 5. Establecer las medidas correctivas que han de adoptarse cuando la vigilancia indica que se ha producido una desviación con respecto a un límite crítico en un PCC.

6. Principio 6. Validar el plan HACCP y luego establecer procedimientos de comprobación para confirmar que el sistema HACCP funciona según lo previsto.

7. Principio 7. Establecer un sistema de documentación sobre todos los procedimientos y los registros apropiados para estos principios y su aplicación.

1.9 HARPC

Análisis de peligros y controles preventivos basados en riesgos, en Inglés *Hazard Analysis and Risk-based Preventive Controls* (HARPC) es un sistema de inocuidad alimentaria que establece la FDA en su Ley de Modernización de la Seguridad de los Alimentos (FSMA) del 2011 para implementar controles preventivos y evitar de forma considerable la ocurrencia de peligros alimentarios y que se publica como un reglamento en el año 2012 con el código 21 CFR 117.

El HARPC es una exigencia legal de la FSMA que se aplica a cualquier empresa en los Estados Unidos o en el extranjero, que está produciendo alimentos para su distribución y comercialización.

El HARPC es sistema de inocuidad alimentaria obligatorio en USA y Canada.

1.9.1Requisito legal

A menos que la ley lo exima expresamente, prácticamente todas las instalaciones de alimentos, tanto en los Estados Unidos como en el extranjero, que estén sujetas al registro de Establecimiento de Instalaciones de Bioterrorismo de la FDA, deben establecer e implementar un plan adecuado de seguridad alimentaria de HARPC.

El propietario, operador o agente a cargo de la instalación debe tener su plan HARPC disponible y listo para presentar a la FDA después de recibir una solicitud oral o escrita.

El plan HARPC debe ser correcto, o la empresa podría encontrarse en el objetivo de una carta pública de la FDA o una alerta de importación.

El incumplimiento del requisito de implementar un plan HARPC podría dar lugar a la persecución penal de la empresa (corporación, sociedad, asociación, etc.) y / o el propietario, operador o agente a cargo de la instalación.

1.9.2 Exenciones

Las siguiente empresas de alimentos están exentas de HARPC:

- Empresas de alimentos bajo la jurisdicción exclusiva del Departamento de Agricultura de los Estados Unidos (aquellas instalaciones que manejan, procesan o envían carne, aves de corral, cerdo, huevos, etc.).

- Empresas que están sujetas a las nuevas Normas de la FDA para las autoridades de seguridad de los productos agrícolas, que también fueron creadas por la FSMA. Esta exención se aplica a las granjas, cooperativas, productores, cosechadores y otras empresas que manipulan frutas y verduras frescas crudas.

- Empresas que están sujetas y cumplen con las regulaciones HACCP de mariscos y jugos de la FDA.

- Empresas procesadoras de alimentos enlatados con bajo contenido de ácido y acidificación, pero sólo para los controles regulatorios que rigen y controlan ciertos aspectos de la contaminación microbiológica (por ejemplo, botulismo).

- Granjas pequeñas o muy pequeñas.

- Empresas con un valor promedio de producto de 3 años anterior de menos de $ 500,000. Muy pequeña empresa significa, para los fines de las regulaciones de Control Preventivo de Alimentos para Humanos, una empresa (incluidas las subsidiarias y afiliadas) con un promedio de menos de $ 1,000,000, ajustado por inflación, por año, durante el período de 3 años anterior al año calendario aplicable en ventas de alimentos para humanos más el valor de mercado de alimentos humanos fabricados, procesados, empacados o mantenidos sin venta. Ese mismo término tiene una definición idéntica para los propósitos de las regulaciones de Control Preventivo de Alimentos para Animales, excepto que el umbral en dólares es más alto en $ 2,500,000. Nota: Estos fueron los montos de referencia en dólares, que la FDA está ajustando anualmente, consulte FSMA Inflation Adjusted Cutoffs para valores actualizados.

- Ciertos suplementos dietéticos y las instalaciones de bebidas alcohólicas pueden estar exentos.

- Empresas de almacenamiento de los productos agrícolas en bruto.

1.10 HARPC vs APPCC / HAPPC

El HARPC está fundamentado en el APPCC / HACCP y se diferencia del mismo fundamentalmente porque:

1. El HARPC debe ser desarrollado e implementado por una persona cualificada para ello.

2. En el análisis de peligros considera los peligros relacionados con:

   1. La cadena de suministro.

   2. La presencia de alérgenos en el alimento.

   3. La limpieza y desinfección (saneamiento).

4. El proceso de elaboración y manipulación del alimento, como ocurre en el APPCC / HACCP.

5. La adulteración alimentaria por bioterrorismo.

6. El fraude alimentario motivado económicamente.

3. Incluye un procedimiento para la retirada de productos alimentarios del mercado.

2   Peligros

Peligro es todo agente biológico, químico o físico presente en el alimento, o bien la condición en que este alimento se encuentra, que puede causar un efecto adverso para la salud.

Los peligros que se pueden originar durante la fabricación y/o al comercialización de un alimento y comprometer su inocuidad se clasifican según su naturaleza en alérgenos, biológicos, físicos, químicos y radiológicos.

Los peligros para la inocuidad de un alimento dependen de <u>qué</u> actividades y de <u>cómo</u> se llevan a cabo dichas actividades a lo largo de su proceso de elaboración y de manipulación.

Para un mismo alimento existen distintas maneras de elaborarlo y manipularlo. Es decir, no existe una única forma correcta de elaborar y manipular un determinado alimento. De ahí la imposibilidad de presentar un diagrama de flujo de elaboración de un alimento válido para todas las organizaciones.

Para facilitar el aprendizaje del lector se ha seleccionado un proceso de elaboración y manipulación "tipo" para cada alimento y se ha referenciado la guía correspondiente donde se describe con detalle.

2.1 Peligros biológicos

Los peligros biológicos son los causados por microorganismos patógenos y no deseados que pueden causar cualquier enfermedad transmitida por los alimentos a los consumidores.

Los microorganismos patógenos causantes de enfermedades transmitidas por los alimentos pueden ser: bacterias, mohos, levaduras, parásitos y virus.

Los peligros biológicos también incluyen las toxinas naturales relacionadas con algunos patógenos.

En general, se consideran como riesgos biológicos de los alimentos los siguientes:

- Los microorganismos patógenos: bacterias, hongos (mohos y levaduras), virus y parásitos.
- Los priones.
- Los organismos vivos (insectos, roedores, artrópodos, et que actúan como vectores de microorganismos patógenos.

La mayoría de las enfermedades transmitidas por los alimentos registradas son el resultado de microorganismos patógenos y sus toxinas relacionadas.

Algunos patógenos microbianos están presentes de forma natural en los materiales alimenticios y, por tanto, requieren técnicas de procesamiento adecuadas para ser controlados.

Los riesgos de contaminación de los alimentos están presentes desde la granja a la mesa, y requieren la prevención y el control de toda la cadena alimentaria.

2.1.1 Fuentes de la contaminación microbiológica

La contaminación microbiológica de un alimento puede estar relacionada con:

- Los <u>ingredientes</u> y <u>materias primas</u> del alimento. Cuando los ingredientes y las materias primas son los portadores de los microorganismo patógenos.

- El <u>procesamiento</u> del alimento. Debida a la supervivencia y multiplicación de los microorganismos.

- Las <u>instalaciones</u>, los <u>equipos</u> y los <u>utensilios</u> en contacto con el alimento. Cuando las instalaciones, equipos y utensilios son los portadores de los microorganismo patógenos.

- El <u>personal</u> que manipula el alimento. Cuando el personal que manipula el alimento es el portador de los microorganismo patógenos.

2.1.2 Bacterias patógenas

Las bacterias patógenas son las bacterias que pueden causar enfermedades infecciosas. Aunque la gran mayoría de bacterias son inofensivas o beneficiosos, algunos son patógenos.

Entre las bacterias patógenas que contaminan los alimento destacan por su relevancia las siguientes:

- *Bacillus cereus.*

- *Campylobacter spp.*

- *Clostridium spp.*

- *Cronobacter sakazakii.*

- *Escherichia coli* enterohemorrágicas (ECEH).

- *Listeria spp.*

- *Salmonella spp.*

- *Vibrios spp.*

- *Yersinia spp.*

- *Staphylococcus aureus* resistente a la meticilina (SARM).

2.1.2.1   Bacterias patógenas formadoras de esporas

Las bacteria patógenas se pueden clasificar en función de si forman esporas ("sporeformers") o si solo existen como células vegetativas y no forman esporas ("non-sporeformers").

Las esporas no son peligrosas mientras permanezcan en estado de espora, no germinen y pasen al estado vegetativo en el cual pueden multiplicarse.

Las esporas son muy resistentes al calor, los productos químicos y otros tratamientos que normalmente matarían las células vegetativas tanto de los esporadores como de los no formadores de esporas.

Cuando las esporas sobreviven a un paso de procesamiento diseñado para matar las bacterias vegetativas, pueden convertirse en un peligro en los alimentos si están expuestas a condiciones que permiten su germinación y su crecimiento como células vegetativas.

Esto puede ser particularmente grave cuando un paso de procesamiento ha eliminado a la mayor parte de su competencia. En estos casos, otros controles como la reducción del pH o la actividad del agua (a_w) o el control de la temperatura (refrigeración o congelación) pueden ser necesarios para controlar las bacterias patógenas formadoras de esporas que permanecen después de un tratamiento efectivo para eliminar las bacterias patógenas vegetativas.

Bacterias patógenas formadoras de esporas responsables de contaminación microbiológica en los alimentos:

- *Bacillus cereus*.

- *Clostridium botulinum*.

- *Clostridium perfringens*.

2.1.2.2   *Bacillus cereus*

Bacillus cereus es un patógeno esporular ubicuitario en el medio ambiente y se encuentra en suelos, aguas y habitualmente en una gran variedad de materias primas y productos tanto de origen vegetal como animal.

El grupo de *Bacillus cereus* comprende ocho especies.

Bacillus cereus puede provocar:

- un síndrome emético causada por la toxina cereulida preformada en el alimento y relativamente termoresistente

- una toxiinfección diarreica causada por proteínas enterotóxicas.

Los alimentos asociados a brotes de intoxicación por *Bacillus cereus* son: carnes y vegetales estofados, cremas, sopas y brotes de vegetales crudos, y especialmente el arroz hervido o frito y la pasta.

2.1.2.3   *Campylobacter*

Campylobacter spp. está ampliamente presente en la naturaleza; el reservorio principal es el tubo digestivo de mamíferos y aves domésticas y salvajes.

Campylobacter spp. se ha detectado en carne de vacuno, cerdo y productos cárnicos, leche cruda y derivados de la leche, pescado y productos de la pesca, vegetales frescos y de alimentos envasados con atmósfera modificada, así como en comidas preparadas o vegetales de consumo en crudo.

Dentro del género *Campylobacter* hay dieciséis especies y cinco subespecies, de las que *C. jejuni* y *C. coli* son las principales causantes de las infecciones. El reservorio principal es el tubo digestivo de los animales de abasto y de los domésticos. Los animales no suelen presentar la enfermedad. La especie *C. jejuni* se asocia principalmente a las aves de corral, y *C. coli* se encuentra sobre todo en el ganado porcino.

Campylobacter spp, es responsable de la campilobacteriosis enfermedad de transmisión alimentaria que sufre el ser humano principalmente por la manipulación y el consumo de pollo contaminado por diferentes especies de *Campylobacter*. Sin embargo, la enfermedad también se puede contraer por contacto con mascotas y animales de granja y por el consumo de agua contaminada o de leche cruda. En muchos casos, se contrae en viajes a zonas de prevalencia elevada.

La campilobacteriosis está asociada a gastroenteritis aguda o dolor abdominal. La aparición de síntomas de la enfermedad en general se produce de dos a cinco días después de comer un alimento con estas bacterias, pero puede variar de uno a diez días. Los síntomas son diarrea (aguada o con sangre), fiebre, malestar general, náuseas y/o vómitos y dolor abdominal.

Las infecciones por *Campylobacter spp*. son generalmente leves, pero pueden ser graves en los niños muy pequeños, ancianos e inmunosuprimidos. En algunos casos, se han descrito infecciones fuera del tracto intestinal, como el síndrome meníngeo, o complicaciones como la artritis reactiva o problemas neurológicos (síndrome de *Guillain-Barré*).

2.1.2.4   *Clostridium*

Clostridium spp. es un género de bacterias anaerobias formadoras de esporas productoras de toxinas. Están ampliamente distribuidas en la naturaleza, y sus esporas se encuentran habitualmente en suelos, al polvo, al medio acuático y forman parte de la flora intestinal de animales y personas, en consecuencia, pueden estar presente en una amplia gama de alimentos.

Clostridium spp altera un amplio abanico de alimentos en el que se incluyen los productos lácteos, los productos cárnicos y derivados de la carne de aves, la fruta y los vegetales frescos y conservados; con la producción característica de gas y olor pútrido.

Las especies del género *Clostridium* implicadas con mayor frecuencia en enfermedades de transmisión alimentaria son:

- *Clostridium perfringens*
- *Clostridium botulinum*

CLOSTRIDIUM PERFRINGENS

Clostridium perfringens es un bacilo corto, gramo positivo que forma esporas, del género *Clostridium*.

Clostridium perfringens es anaerobio aunque algunos investigadores lo consideran microaerófilo, por su capacidad para iniciar el crecimiento sin condiciones rigurosas de anaerobiosis.

La temperatura óptima de crecimiento de *C. perfringens* está en un rango entre los 40 °C y 45 °C.

Las esporas se forman en condiciones ambientales adversas y en el aparato digestivo de humanos y animales. Sobrevive en el suelo y sedimentos, siendo altamente resistentes al calor.

Existen cinco cepas de *C. perfringens* , designadas desde A hasta E. Cada cepa produce un espectro de toxinas único. Los patógenos humanos son A y C. Los síntomas son causados por la ingestión de grandes cantidades de células vegetativas (más de 10^8). La producción de toxinas en el tracto digestivo se asocia con la esporulación.

En la mayoría de los casos, la causa de la intoxicación por *C. perfringens* es el abuso de la temperatura de conservación de los alimentos después de cocinar y la multiplicación de este microorganismo durante el enfriamiento y almacenamiento. *C. perfringens* se asocian comúnmente a platos a base de carnes cocinadas, productos cárnicos hervidos, salsas de carnes, estofados, albóndigas, etc. producidos en grandes cantidades y refrigeradas en condiciones no adecuadas

CLOSTRIDIUM BOTUNILUM

Clostridium botulinum es una bacteria patógena del género *Clostridium*, bacilo anaerobio gram positivo, que forma esporas altamente resistentes y produce una neurotoxina muy potente (NTBo) capaz de causar una toxiinfección alimentaria grave, el botulismo.

C. botulinum y sus esporas están ampliamente distribuidos en la naturaleza: suelos, aguas estancadas, vegetales en descomposición; tracto intestinal de mamíferos, cangrejos y moluscos bivalvos. Puede sobrevivir en los alimentos con la ausencia de oxígeno y poca acidez.

El botulismo es una toxiinfección alimentaria poco frecuente, pero de consecuencias graves. Se observan dos formas de botulismo:

- La intoxicación botulínica, debida a la ingestión de toxina botulínica preformada en un alimento. Esta es la forma más frecuente en los adultos.

- La toxiinfección botulínica originada por la ingestión de bacterias y/o esporas (especialmente grave en niños de menos de 12 meses) y posterior formación de la toxina botulínica.

También se puede producir el botulismo por la infección de heridas con esta bacteria.

La toxina botulínica, afecta al sistema neuromuscular provocando parálisis progresiva de la musculatura estriada. El botulismo es mortal en el 5-10% de los casos debido a la insuficiencia respiratoria. En los supervivientes de recuperación puede tardar muchos meses.

Errores de preparación y el almacenamiento de los alimentos determinan la posibilidad de germinación de las esporas, el crecimiento de bacterias y la producción de toxina. La presencia de la toxina botulínica en los alimentos en conserva se debe a menudo a una falta de control adecuado de los procesos (de la temperatura de cocción / esterilización, control insuficiente de pH (> 4,6) y a_w, falta de estanqueidad de envases).

Aunque las esporas de *C. botulinum* son termoresistentes, la toxina producida por la bacteria en condiciones anaeróbicas se destruye mediante el hervor (por ejemplo, a una temperatura interna superior a 85ºC durante al menos 5 minutos). Por lo tanto, los casos de botulismo frecuentemente guardan relación con alimentos listos para el consumo envasado con poco oxígeno.

Tradicionalmente los brotes de botulismo han asociado al consumo de conservas caseras; otros alimentos causantes de botulismo son las carnes curadas o fermentadas, el pescado con tratamientos leves de conservación - ahumado en frío, productos envasados al vacío -semiconservas vegetales y aceites aromatizados con hierbas y otros condimentos. También se ha descrito el botulismo infantil asociado a la ingestión de miel, en el que se produce la multiplicación del germen y la producción de toxina en el intestino.

2.1.2.5 *Cronobacter sakazakii*

Cronobacter sakazakii es una bacteria gramo-negativa, móvil, no formadora de esporas, anaerobio facultativo, de forma bacilar, oxidasa negativa y catalasa positiva. Por su capacidad para formar biofilms y su resistencia a la desecación se puede encontrar ampliamente en suelos, aguas, vegetales y animales, pudiendo crecer en un amplio rango de temperaturas (6°C a 47°C).

C. sakazakii puede causar infecciones graves como: bacteriemia, meningitis, enterocolitis narcotizante y meningoencefalitis necrotizante, e incluso la muerte de los bebés infectados.

C. sakazakii ha sido aislado de varios alimentos de origen vegetal o animal tanto deshidratados, ahumados, congelados etc.

C. sakazakii es un contaminante ocasional de diferentes alimentos como cereales, papillas, deshidratados para regímenes especiales, alimentos para usos médicos, y fórmulas infantiles en polvo, pudiendo persistir en estos alimentos durante al menos 2 años por su capacidad para soportar entornos secos. También hay que considerar las preparaciones en polvo destinadas a personas de edad avanzada y las destinadas a usos médicos especiales dada la especial vulnerabilidad de este grupo de población.

2.1.2.6 *E. coli* productor de toxina Shiga (ECTS o STEC)

Algunos cepas de *E. coli* fabrican toxinas, llamadas verotoxina o toxinas de tipo Shiga, que pueden causar trastornos graves a las personas. Estos cepas reciben números diferentes: *E. coli verotoxígenas* (ECVT), *E. coli* productoras de toxinas Shiga (STEC) o *E. coli enterohemorrágicas* (ECEH). Los principales serotipos de este grupo son: U157: H7, U104: H4, U26, U103, U111 y U145.

Todas las STEC son patógenas y capaces de causar enfermedades graves.

Se llaman toxinas Shiga por su parecido como las toxinas producidas por *Shigella dysenteriae*.

El *E. coli O157:H7* es el serotipo de *E. coli* productor de toxina Shiga más importante por su impacto en la salud pública, pero hay también otros serotipos frecuentemente implicados en brotas y casos esporádicos como *E. coli O104:H4* .

Se transmite a las personas principalmente a través del consumo de agua o alimentos contaminados -como carne picada cruda o poco cocinada o vegetales crudos y también por el contacto directo con animales o con personas infectadas.

Aunque las personas pueden actuar como reservorio de la infección en casos asintomáticos, los rumiantes están considerados el principal reservorio del ECTS, y los bovinos los que más contribuyen a la enfermedad en personas.

Los alimentos se pueden contaminar por el contacto con el contenido intestinal en el proceso de obtención de la carne en los mataderos y en el ordeño. Por otra parte, en la producción agrícola se pueden contaminar los productos hortofrutícolas por el contacto con el agua, el sol, la heces o los abonos contaminados. La cocción de los alimentos a una temperatura de 70°C destruye esta bacteria.

La "carne de bovino y sus productos", la "leche y los productos lácteos", el "agua del grifo, incluido el agua de pozo" y las "hortalizas, frutas y sus productos" son los principales productos alimenticios que causan infecciones por STEC en humanos. Otros productos alimenticios también están potencialmente asociados con las infecciones por STEC, pero tienen un rango más bajo.

Los síntomas de la enfermedad en humanos consisten en cólicos abdominales y diarrea, a menudo sanguinolenta, y algunos casos pueden presentar el síndrome hemolítico-urémico (SHU) . La infección secundaria persona a persona es muy importante. La población más susceptible son los niños y las personas mayores, en los que puede acarrear complicaciones fatales, como la SHU.

2.1.2.7 *Listería monocytogenes*

Listeria spp. es una bacteria grampositiva, con forma de bacilo corto, con flagelos peritricos, no formadora de esporas, catalasa positivo y anaerobio facultativo. Ocasionalmente, pueden adoptar forma cocoides. Es móvil a temperaturas entre 25 y 35 °C.

Puede crecer en ambientes aeróbicos, microaeróbicos y anaeróbicos, pero es sensible a una combinación de altas concentraciones de dióxido de carbono y bajas temperaturas.

Listeria monocytogenes es un saprófito ubicuo, que vive en ambientes de tierra vegetal y que se ha aislado en más de 42 especies de mamíferos domésticos y salvajes, en 22 especies de aves, así como en piezas, crustáceos, insectos, aguas residuales y naturales, ensilados, forrajes, leche, formatos y otros alimentos.

Al parecer, los reservorios naturales de *Listeria monocytogenes* son el suelo y el tubo intestinal de los mamíferos y las aves. En los animales de alcance, la listeriosis suele ser una enfermedad de invierno y primavera, que afecta a los rebaños encerrados que comienzan ensilados y pinsos de mala calidad.

Los alimentos más afectados en los brotes y en los casos esporádicos de listeriosis son los alimentos listos para consumir, tanto de origen animal como vegetal, como los formatos de pasta tova, los patés, los productos pesqueros ahumados y los embutidos cocidos y crudos curados.

L. monocytogenes es un patógeno oportunista que casi siempre afecta a la población de riesgo: las personas mayores, las mujeres embarazadas, los bebés y las personas con una enfermedad o circunstancia subyacente grave. En la población general, la infección no suele conllevar enfermedad. Su incidencia es relativamente baja en comparación con otras enfermedades asociadas a microorganismos en los alimentos, pero la forma invasiva se asocia a una tasa de mortalidad elevada, entre 10% y 50% dependiendo de la fuente.

2.1.2.8   *Salmonella*

Salmonella es una bacteria bacilo gramnegativa de la familia *Enterobacteriaceae*, no formadoras de esporas, que produce una de las enfermedades de transmisión alimenticias más comunes: la salmonelosis.

El género *Salmonella* actualmente se divide en dos especies: *S. entérica* y *S. bongori* . A su vez, *S. enterica se* divide en seis subespecies.

Los serotipos de la subespecie I (S. enterica subespecie entérica) son los responsables de aproximadamente 99% de las infecciones por Salmonella en humanos. Para simplificar la nomenclatura, a los diferentes serotipos se les llama como el número del género, seguido del serotipo, de los más importantes se Salmonella typhimurium .

Los principales reservorios de Salmonella son las aves de corral, el ganado bovino y el porcino, por tanto son fuentes de infección importantes las carnes de estos animales y los huevos, sin olvidar los manipuladores portadores y el agua; también se han identificado como fuente de infección los vegetales frescos consumidos crudos en ensaladas.

La salmonelosis es una zoonosis fundamentalmente de origen alimentario.

Tradicionalmente, los ovoproductos y preparados a base de huevo han sido los alimentos implicados más a menudo en brotes por *Salmonella* y los de mayor riesgo sanitario, especialmente aquellos que contienen huevo crudo como la maionesa. Han estado implicados en casos de salmonelosis alimentos con huevo crudo como salsas, helados, crema, masas de pastelería, leche no pasterizada, chocolate, y brotas de semillas de soja o alfalfa y carnes insuficientemente cocinadas, principalmente de cerdo de aves y carnes fermentadas.

En la mayoría de casos causa gastroenteritis y mejora sin necesidad de tratamiento, pero puede ser grave si lega a la sangre y afecta a niños, personas mayores o personas con enfermedades crónicas.

2.1.2.9 *Vibrio*

Vibrio es un género de bacterias que contiene varias especies, de las que *V. vulnificus* , *V. cholerae* y *V. parahaemolyticus* son los patógenos humanos más importantes.

V. parahaemolyticus se encuentra en aguas de estuario en todo el mundo pero no en mar abierto, mientras que *V. vulnificus* es un microorganismo marino que se concentra en moluscos filtradores.

V. parahaemolyticus y *V. vulnificus* suelen provocar gastroenteritis asociada casi exclusivamente al consumo de pescado y marisco crudo, poco cocinados o recontaminados después de la cocción, y están especialmente relacionados con el consumo de ostras, almejas, cangrejos, langosta y gamba.

Vibrio cholerae serogrupo U1 u O139 causa el cólera , una enteritis secretora causada por la exotoxina colérica. Es una enfermedad endémica en algunos lugares de América Central y del Sur, y en Asia, principalmente de transmisión hídrica, pero también hay transmisión alimentaria por el consumo de pescado, marisco o vegetales crudos o poco cocinados. El origen es la presencia de portadoras que contaminan aguas residuales que se vierten en las costas y los ríos.

2.1.2.10 *Yersinia enterocolítica*

Yersinia enterocolitica es un bacilo Gram negativo de la familia *Enterobacteriaceae*, aerobio facultativo.

No todos los biotipos de esta especie son patógenos; de hecho, solo los biotipos 1B, 2, 3, 4 y 5 son patógenos para los humanos.

El cerdo es el principal reservorio, pero también se ha encontrado en roedores, conejos, ovejas, vacas, caballos, perros y gatos. Se detecta a lo largo de todo el sistema digestivo (cavidad oral, faringe, intestinos, heces y nódulos linfáticos relacionados)

Y. enterocolitica se detecta en carne de cerdo cruda o poco cocinada y en sus derivados. También cabe considerar el consumo de carne de ovino y de pollo, la leche y los derivados lácteos (como los helados y los batidos) no pasteurizados.

Pueden ser también vehículos ocasionales de yersinia, huevos y productos derivados, tofu y productos de la pesca

La yersiniosis produce dolor abdominal y diarreas a menudo con sangre. Los síntomas se desencadenan típicamente a los 4-7 días después de la exposición y pueden durar de 1 a 3 semanas o más.

2.1.2.11 *Staphylococcus aureus*

S. aureus es una bacteria tipo coco, Gram positivo, inmóvil, anaerobio facultativo, produce fermentación láctica, catalasa y coagulasa positiva.

Microscópicamente, el *S. aureus* se agrupa en parejas o agrupados.

S. aureus se encuentra en el aire, el agua, los residuos, los alimentos, la maquinaria, pero la principal fuente son los animales y las personas: se encuentra en las fosas nasales y la laringe, en la piel y en el cabello.

Staphylococcus aureus. se puede aislar en productos muy variados.

Los alimentos de más riesgo son:

- Alimentos recontaminados después de recibir un tratamiento térmico o cualquier otro procedimiento que elimine la flora banal. Si el alimento se manipulado posteriormente el riesgo se incrementa. En este grupo se encuentran, carnes de aves, carnes fileteadas, ensaladas compuestas, ensaladas de arroz y legumbres y cualquier plato cocinado manipulado después de la cocción.

- Alimentos fermentados de acidificación lenta, lo que permite el crecimiento de *S. aureus* durante la fermentación, por ejemplo algunos quesos y productos de charcutería.

Productos secos y de baja actividad de agua como leche en polvo, pastas y pescado desecado

S. aureus es un agente bacteriano toxigénico causa frecuente de brotes de toxiinfección alimentaria en muchos países. Los brotes están causados por la ingestión de alimentos que contienen las enterotoxinas estafilococias termoestables y se han asociado a productos cárnicos, productos con huevo, pasteles, cremas, bollería rellena, sandwiches, en general productos sometidos a diversas manipulaciones que se han mantenido después a temperaturas relativamente elevadas.

La enfermedad humana de origen alimentario es una intoxicación debida a la ingestión de enterotoxinas estafilocócicas, proteínas termoresistentes, preformadas en los alimentos. Se presenta después de 2 a 12 horas de ingerir alimentos contaminados. Los síntomas y la severidad de la intoxicación depende de la susceptibilidad del huésped e incluyen vómitos intensos, diarreas, dolor de cabeza, dolores musculares y articules. La enfermedad puede durar de 1 a 2 días. Después de este periodo los síntomas tienden a desaparecer por la eliminación de las toxinas, o si es lo suficientemente grave puede requerir hospitalización

2.1.3 Endosporas bacterianas

Una **endospora** es una estructura latente, resistente y no reproductiva producida por ciertas bacterias del filo *Firmicute*. La formación de endosporas generalmente se desencadena por la falta de nutrientes, y generalmente ocurre en bacterias Gram-positivas.

Las endosporas permiten que las bacterias permanezcan latentes durante períodos prolongados, incluso siglos. Cuando el ambiente se vuelve más favorable, la endospora puede reactivarse al estado vegetativo.

Endospora es una estructura protectora producida por la bacteria que consta de ADN y una pequeña cantidad de citoplasma para sobrevivir en condiciones desfavorables.

Las esporas bacterianas se encuentran entre las más difíciles de destruir en los alimentos, porque son resistentes al calor, a la radiación, a los productos químicos, incluidos los desinfectantes / agentes esterilizantes, a los ácidos, a la deshidratación, etc.

El grupo de bacterias formadoras de esporas (*Bacillus* y *Clostridium* son los géneros principales) incluye tanto bacterias patógenas como bacterias responsables del deterioro de los alimentos.

INTOXICACIÓN ALIMENTARIA

La intoxicación alimentaria es el resultado de la ingestión de toxinas preformadas en los alimentos, o la producción de toxinas durante la multiplicación de las bacterias patógenas en el tracto gastrointestinal.

Varias especies de formadores de esporas causan infecciones en animales y en humanos. Por ejemplo, ántrax (*B. anthracis*), tétanos (*C. tetani*), gangrena gaseosa (*C. perfringens* y algunas otras especies de clostridios) e infecciones graves de la piel y los músculos subyacentes en bovinos y ovinos (por ejemplo, *C. septicum*, *C. oedematiens*).

DETERIORO DE LOS ALIMENTOS

El deterioro de los alimentos enlatados es debido a la producción de ácidos solos (*B. stearothermophilus* en alimentos poco ácidos) o a la producción vigorosa de gas y H_2S (como por clostridios).

Las especies de bacterias responsables del deterioro de los alimentos causan problemas en los alimentos tratados térmicamente, por ejemplo. productos pasteurizados y productos enlatados («totalmente procesados térmicamente»).

2.1.4 Hongos

Los hongos consisten en dos grupos principales de microbios:

- Los mohos son organismos multicelulares.
- Las levaduras son organismos unicelulares.

Tanto los mohos como las levaduras están ampliamente distribuidos en la naturaleza, tanto en el suelo como en el polvo transportado por el aire.

Los mohos y las levaduras no parecen ser responsables de ninguna enfermedad transmitida por los alimentos tal vez porque el crecimiento significativo de moho o levadura se reconoce fácilmente y los alimentos se descartan.

2.1.4.1   Mohos

Los mohos son hongos microscópicos que viven en materia vegetal o animal.

Los mohos tienen una estructura filamentosa ramificada y pueden convertirse en colonias visibles como una capa colorida, peluda o suave en alimentos o superficies.

Los mohos se reproducen produciendo pequeñas esporas, que no están relacionadas con las esporas bacterianas mencionadas anteriormente. Las esporas de moho pueden ser recogidas y propagadas por las corrientes de aire. Si las esporas de moho se asientan en superficies adecuadas, comenzarán a germinar y producirán un nuevo crecimiento de moho.

El crecimiento de los mohos es fomentado por las condiciones cálidas y húmedas.

Algunos mohos producen toxinas (por ejemplo, aflatoxina producida por *Aspergillus spp.*), pero las enfermedades relacionadas con los alimentos parecen estar asociadas con nueces y granos, y no con carne y aves de corral. Además, algunos mohos presentes en los alimentos pueden causar reacciones alérgicas y problemas respiratorios en personas sensibles expuestas al moho.

Los mohos que se encuentran con mayor frecuencia en la carne y las aves de corral son *Alternaria*, *Aspergillus*, *Botrytis*, *Cladosporium*, *Fusarium*, *Geotrichum*, *Monilia*, *Manoscus*, *Mortierella*, *Mucor*, *Neurospora*, *Oidium*, Oosproa, *Penicillium*,

Rhizopus y *Thamnidium*. Estos mohos también se pueden encontrar en muchos otros alimentos.

2.1.4.2   Levaduras

La denominación levadura no tiene ningún valor taxonómico. El término levaduras se utiliza para referirse a un conjunto de hongos tanto unicelulares como filamentosos con la capacidad de producir fermentaciones.

Las levaduras son ubicuas, se encuentran esparcidas por todos los habitats y se puedes aislar tanto de la superficie de plantas y frutas como del suelo.

Las levaduras tienen un papel positivo en la fermentación de algunos productos como el vino o la cerveza, aunque también son responsables del deterioro de los alimentos junto con los hongos.

Las levaduras pueden invadir y crecer en prácticamente cualquier tipo de alimento en cualquier momento; Invaden cultivos como granos, nueces, frijoles y frutas en los campos antes de la cosecha y durante el almacenamiento. También crecen en alimentos procesados y mezclas de alimentos.

Algunas especies de levaduras, como *Candida spp.*, pueden ingresar al cuerpo humano a través de alimentos y bebidas y pueden causar varios tipos de infecciones en personas con el sistema inmunológico debilitado.

2.1.5 Parásitos

Un **parásito** es un organismo (agente infecciosos que sobrevive a expensas de otro organismo vivo (huésped), generalmente más complejo, alimentándose a partir de sus nutrientes y sin ofrecer ningún beneficio a cambio.

Cuando ambos entran en contacto, el huésped se defiende contra el parásito pudiendo darse tres situaciones: destruirlo y eliminarlo; convivir en equilibrio, convirtiéndose en portador asintomático de la patología; o verse alterado negativamente por la aparición de síntomas clínicos.

Así, entendemos por parasitismo la interrelación entre ambos organismos, parásito y huésped, relación en la que el hombre puede interferir convirtiéndose en huésped accidental.

2.1.5.1   Parásitos transmitidos por los alimentos

Los principales parásitos que contaminan los alimentos son:

a) **Protozoos**. Existen varios protozoos patógenos que pueden ser vehiculados por los alimentos y producir enteritis (*Cryptosporidium parvum, Cyclospora cayetanensis, Giardia lamblia, Entamoeba histolytica*) o enfermedades generalizadas (*Toxoplasma gondii*).

b) **Helmintos**. Los parásitos más frecuentes en los alimentos son:

- los cestodos *Taenia solium*, *Taenia saginata* y *Diphyllobotrium latum*,

- los nematodos de los géneros *Trichinella*, *Anisakis*, *Strongyloides*, *Ascaris*, *Capillaria* y *Trichuris*.

Según un informe conjunto de la FAO/OMS, los principales parásitos transmitidos por los alimentos y que causan mayor preocupación en el mundo son los siguientes:

- *Taenia solium* (tenia del cerdo o tenia armada) en la carne de cerdo.

- *Echinococcus granulosus* (gusano hidatídico o tenia equinococo) en los productos frescos.

- *Echinococcus multilocularis* (tenia) en los productos frescos.

- *Toxoplasma gondii* (protozoos) en la carne de pequeños rumiantes, cerdo, carne de vacuno, carne de caza (carne roja y órganos).

- *Cryptosporidium spp* (protozoos) en productos frescos, zumo de fruta, leche.

- *Entamoeba histolytica* (protozoos) en los productos frescos.

- *Trichinella spiralis* (gusano del cerdo) en la carne de cerdo (provoca la triquinosis, ndr).

- *Opisthorchiidae* (familia de gusanos planos o platelmintos) en los peces de agua dulce.

- *Ascaris spp.* (pequeñas lombrices intestinales) en los productos frescos.

- *Trypanosoma cruzi* (protozoos) en los zumos de fruta.

2.1.5.2 Detección visual de parásitos en pescados.

Los principales métodos que se han utilizado clásicamente para la detección de parásitos en el pescado son los controles visuales, la transiluminación con UV y luz blanca y la microscopía clásica.

La principal desventaja de los métodos visuales es que tienen baja efectividad, además, dependen del espesor y coloración de la pieza de pescado analizada

EXAMEN VISUAL SIMPLE

Antes de que se destinen al consumo humano, los pescados y productos a base de pescado deben ser sometidos a un control visual por sondeo para la detección de parásitos visibles. Estas inspecciones tienen como objetivo obtener una primera información de cualquier parásito en el pescado que por su tamaño permita ser detectado a simple vista antes de su puesta en el mercado.

Algunos parásitos pueden detectarse en un primer momento mediante inspección visual simple. Este examen visual es el método más sencillo de detección de parásitos y está basado en la búsqueda de parásitos en vísceras y musculatura del pescado. A pesar de ser un método muy sencillo y de no requerir de personal especializado para su realización, no es un método muy fiable ya que no es muy eficaz y no distingue entre parásitos vivos y muertos.

TRANSILUMINACIÓN

La transiluminación consiste en exponer el pescado, generalmente fileteado, a un haz de luz blanca o luz UV, teniendo en cuenta que ante la presencia de parásitos, estos se mostrarán opacos, facilitando así su eliminación.

Esta es una técnica rápida y de bajo costo ya que no requiere ni maquinaria ni personal especializado pero se ha demostrado que es una técnica con baja eficacia y subjetiva ya que la detección siempre estará condicionada por parámetros propios de la muestra como el grosor del filete, la presencia o ausencia de piel, el contenido en aceite,… y sobretodo la experiencia del operador

MICROSCOPÍA

El diagnóstico por microscopía consiste en la detección de huevos o adultos en muestras de heces o fluidos duodenales.

La sensibilidad y la fiabilidad del diagnóstico dependen de la técnica de examen y de la experiencia del técnico y suele haber una alta incidencia de falsos negativos, especialmente en infecciones leves o con antecedentes de tratamiento reciente, que hace necesaria la repetición de los exámenes para aumentar la sensibilidad de la detección.

La gran similitud entre los huevos de los diferentes trematodos que se transmiten al hombre por consumo de pescado infestado, dificulta la identificación final del parásito.

2.1.5.3 Detección inmunológica y molecular

MÉTODOS INMUNOLÓGICOS

Las técnicas inmunológicas son pruebas basadas en las reacciones de los anticuerpos frente a diferentes antígenos del parásito presente. La técnica más utilizada es el ELISA.

MÉTODOS MOLECULARES

Los métodos moleculares de diagnóstico están basados en la detección de secuencias específicas de ADN mediante PCR y técnicas de hibridación in *situ*.

2.1.6 Prión

Un **prión** (PrP) es una forma anormal de una proteína que actúa como un agente infeccioso y produce las encefalopatías espongiformes transmisibles:

- Encefalopatía espongiforme bovina (EEB) en vacuno, incluye la EEB atípica.

- Scrapie (tembladera) en ovejas y cabras, incluyendo atípica Scrapie.

- La caquexia crónica (CWD) en ciervos y alces.

- Encefalopatía transmisible del visón (TME) en visón.

- Encefalopatía espongiforme felina (FSE) en los gatos.

- Variante de *Creutzfeldt-Jakob* (vCJD) en humanos.

2.1.7 Virus

Un **virus** es un agente infeccioso microscópico acelular que sólo puede replicarse dentro de las células de otros organismos.

Los virus que llegan a los alimentos suelen ser de origen fecal y los contaminan a través de aguas contaminadas, por lo que el mayor problema se produce en productos tales como moluscos bivalvos, pescados, mariscos y verduras y hortalizas.

Así mismo, los seres humanos infectados que manipulan alimentos pueden contaminar los mismos alimentos.

Prácticamente todos los virus enteropatógenos se pueden transmitir por el agua y los alimentos.

Están documentadas la transmisión alimentaria del virus de Norwalk, el calicivirus, el astrovirus, los adenovirus entéricos, los rotavirus y los parvovirus.

Los alimentos asociados a brotes causados por virus son aquellos que no están sometidos a un tratamiento térmico suficiente o se consumen crudos, como las ensaladas, el pescado adobado o el marisco crudo.

La contaminación de los alimentos se produce por malas prácticas de manipulación, por portadores o por el uso de aguas contaminadas en la producción primaria, como en el caso de moluscos bivalvos y vegetales.

Los virus no se pueden multiplicar ni pueden producir toxinas en los alimentos, pero pueden mantenerse viables en alimentos mantenidos a temperaturas de refrigeración y el medio ambiente marino, y en algunos casos pueden producir enfermedad con dosis infecciosas bajas.

2.1.8 Factores que determinan los peligros biológicos en los alimentos

La presencia de microorganismos patógenos en los alimentos depende de factores intrínsecos y extrínsecos a los alimentos. Estos factores determinan el crecimiento y supervivencia de los microorganismos patógenos en un alimento.

2.1.8.1   Factores intrínsecos al alimento

Factores intrínsecos al alimento que determinan el crecimiento de los microorganismos patógenos:

- El acceso a nutrientes.

- Disponibilidad de agua (a_w).

- pH.

- Temperatura.

- Tiempo.

- Oxígeno.

Además hay que considerar:

- La interacción entre los factores intrínsecos del alimento.

- La interacción entre los distintos tipos de microorganismos.

2.1.8.2   Factores extrínsecos al alimento

Los factores extrínsecos lo constituyen el conjunto de operaciones de manipulación y transformación que se realizan sobre un alimento que pueden ser, en sí mismos, origen de contaminación:

Factores extrínsecos al alimento que determinan el crecimiento de los microorganismos patógenos:

- Prácticas de higiene de los manipuladores de los alimentos inadecuadas o insuficientes.

- Procedimientos de limpieza y desinfección poco efectivos.

- Mantenimiento inadecuado de las instalaciones, equipos y utensilios.

- Condiciones ambientales de temperatura y humedad relativa inadecuados.

2.1.8.3   Nutrientes

La multiplicación microbiana depende del acceso a nutrientes (carbohidratos, proteínas y sales minerales) que forman parte del alimento o que existen como residuos orgánicos en los equipos o utensilios utilizados en su elaboración y manipulación.

La multiplicación bacteriana no es posible en ausencia de nutrientes.

2.1.8.4   Disponibilidad de agua (a_w)

La disponibilidad de agua en un alimento, conocida como actividad de agua a_w, es un factor importante para la multiplicación microbiana.

Los nutrientes utilizados en la multiplicación microbiana deben estar en forma soluble para que los microbios puedan utilizarlos. En general, las bacterias tienen los requisitos más altos de agua, los mohos tienen los requerimientos más bajos, y las levaduras tienen requerimientos de agua intermedios.

ACTIVIDAD DEL AGUA

La **actividad del agua** (a_w) es la humedad en equilibrio de un producto, determinada por la presión parcial del vapor de agua en su superficie.

La actividad del agua (a_w) de un alimento permite terminar la cantidad de agua libre en un alimento disponible para la multiplicación de los microorganismos patógenos.

La actividad de agua toma (a_w)valores entre 0 y 1.

Cuanto más bajo sea el valor de actividad de agua (más próximo a 0), menor es la cantidad de agua disponible para los microorganismos y el alimento será menos perecedero.

Cuanto más alto sea el valor de actividad de agua (más próximo a 1) mayor es la cantidad de agua disponible para los microorganismos y el alimento tendrá una vida útil más corta.

Las bacterias generalmente requieren al menos a_w = 0,91 y los hongos al menos a_w = 0,7.

Conviene tener en cuenta que la actividad del agua a_w no es necesariamente equivalente al contenido de humedad de una alimento.

ACTIVIDAD DEL AGUA Y CRECIMIENTO MICROBIANO

Los microorganismos necesitan una cantidad de agua para vivir, crecer y multiplicarse, es por ello muchos métodos de conservación se basan en reducir esta cantidad de agua y por tanto la actividad de agua mediante la deshidratación, la liofilización, adición de azúcares o sales, evaporación o congelación.

La actividad del agua se usa en muchos casos como un punto de control crítico para los programas de Análisis de Peligros y Puntos de Control Críticos (APPCC / HACCP). Periódicamente, se toman muestras del producto alimenticio del área de producción y se analizan para garantizar que los valores de actividad del agua se encuentren dentro de un rango específico para la calidad y seguridad de los alimentos.

Para un a_w = 0,98 es posible la multiplicación de casi todos los microorganismos patógenos y dar lugar a alteraciones y toxiinfecciones alimentarias. Esto puede darse en: la carne o pescado fresco y frutas o verduras frescas.

Para un 0,93 < a_w < 0,98, es posible la multiplicación de un gran número de microorganismos patógenos. Esto puede darse en: los embutidos fermentados o cocidos, quesos de corta maduración, carnes curadas enlatadas, productos cárnicos o pescado ligeramente salados y el pan.

Para un 0,85 < a_w < 0,93, puede crecer *S. aureus* y los hongos. Esto puede darse en: los embutidos curados y madurados, el jamón serrano o la leche condensada.

Para un 0,60 < a_w < 0,85 no es posible la multiplicación de la mayoría de los microorganismos patógenos. En este rango de valores de la Aw sólo pueden sobrevivir los microorganismos osmófilos o halófilos. Esto puede darse en: los frutos secos, los cereales, mermeladas o quesos curados.

Para un a_w < 0,60 no hay crecimiento microbiano, pero sí puede haber microorganismos debido a una contaminación durante su producción que sobrevivan largos periodos de tiempo. Esto puede darse en: el chocolate, la miel, las galletas o los dulces.

2.1.8.5   pH

La acidez y basicidad del medio en el que se encuentran los microorganismos es otro de los parámetros ambientales más importantes que condicionan la multiplicación y la supervivencia de los microorganismos patógenos.

Cada microorganismo patógeno tiene un pH mínimo, un pH óptimo y un pH máximo de multiplicación.

El pH óptimo de crecimiento es el pH más favorable para el crecimiento de un organismo.

El valor de pH más bajo que un organismo puede tolerar se denomina pH mínimo de multiplicación y el pH más alto es el pH máximo de multiplicación.

La mayoría de los microbios prosperan cuando el pH es casi neutro o ligeramente ácido, pero hay excepciones.

pH

El pH es el logaritmo decimal de la concentración de iones H_3O^+ cambiado de signo. Es decir:

$$pH = -\log[H_3O^+]$$

$$[H_3O^+] \; = \; 10^{-pH}$$

El grado de acidez o alcalinidad de una solución acuosa se expresa en una escala entre 0 y 14 denominada escala de pH.

A medida que aumenta la acidez, nos movemos hacia abajo en la escala de pH (es decir, el pH es más bajo).

A medida que aumenta la alcalinidad, avanzamos hacia arriba en la escala de pH (es decir, el pH es más alto).

El pH del agua pura es 7,0, y se conoce como pH neutro.

CLASIFICACIÓN DE LOS MICROORGANISMOS SEGÚN EL PH OPTIMO

Según sea el pH óptimo de multiplicación, los microorganismos pueden clasificarse en:

- **Acidófilos** cuando se multiplican óptimamente a pH inferior a 5,55.

- **Neutrófilos** cuando se multiplican óptimamente a un pH entre 5,5 y 8.

- **Alcalófilos**. cuando se multiplican óptimamente a un pH entre 8 y 11,5.

Los limites de pH en los que pueden crecer los microorganismos patógenos varían mucho según el tipo de microorganismo de que se trate. No obstante, cuanto más alejado del pH óptimo de un determinado microorganismo sea el pH del medio más lento será la multiplicación de dicho microorganismo.

La mayoría de los microorganismos crecen a velocidad óptima alrededor de 7, pero pueden crecer bien entre pH 5 y 8. Hay sin embargo algunas excepciones: las bacterias acéticas, que tienen su óptimo entre pH 5,4 y 6,3 y las bacterias lácticas, cuyo óptimo se encuentra entre pH 5,5 (o incluso inferior) y 6.

En general, las levaduras y los hongos son capaces de crecer a pHs mucho más bajos que las bacterias; los valores máximos de pH a los que es posible el crecimiento, son similares sin embargo, en levaduras, hongos y bacterias.

En estado natural, la mayoría de los alimentos, como carnes, pescados y productos vegetales, son ligeramente ácidos. La mayor parte de las frutas son bastante ácidas y solo algunos alimentos, como la clara de huevo por ejemplo, son alcalinos.

Una estrategia para preservar los alimentos al inhibir la multiplicación microbiana es el aumento de su acidez ya sea de manera natural, por fermentación, o de forma artificial, por adición de ácidos débiles.

La acidez puede ser un factor básico en la preservación, como en el caso de algunos alimentos fermentados tales como el yogur, la col fermentada o los pepinillos en vinagre, o tener un papel auxiliar, cuyo efecto se combina con el de otros factores tales como conservadores químicos, el calor o la actividad de agua (A_w).

2.1.8.6   Temperatura

Cada microorganismo patógeno tiene una temperatura mínima, óptima y máxima de multiplicación.

La temperatura óptima de crecimiento es la temperatura más favorable para la multiplicación de un organismo y a la que se alcanza la mayor velocidad de multiplicación.

La temperatura ambiental no solo afecta la tasa de multiplicación de los microorganismos, sino que también puede determinar qué especies microbianas prosperan. Una diferencia de temperatura de solo unos pocos grados puede favorecer el crecimiento de una población completamente diferente de microbios.

Cuanto más distante de la temperatura óptima de multiplicación esté la temperatura de conservación del alimento, menor será la velocidad de multiplicación del microorganismo patógeno.

2.1.8.7   Tiempo

El tiempo de permanencia a una determinada temperatura de un microorganismo determinará su velocidad de multiplicación.

El tiempo de duplicación para la mayoría de las especies bacterianas es de entre 10 y 30 minutos en condiciones óptimas para el crecimiento.

2.1.8.8   Oxígeno

La presencia de oxígeno en el medio ambiente tiene influencia en el tipo de microorganismos que pueden crecer en un determinado alimento y en la velocidad a la que se multiplicarán.

Los microorganismos en función de sus exigencias en oxígeno se clasifican en:

- **Aerobios estrictos** son los microorganismos que precisan oxígeno para multiplicarse. Ejemplo, *Pseudomonas spp.*, *Micrococcus spp.*, *Bacillus spp.*

- **Aerobios facultativos** son los microorganismo que se multiplican en presencia o ausencia de oxígeno. No obstante, en situaciones de anaerobiosis se produce un menor crecimiento (particularmente en las levaduras).

  Ejemplo, *Enterobacterias*, *Staphylococcus spp.*

- **Anaerobios estricto**s son los microorganismo que se multiplican en ausencia de oxígeno. Por ejemplo, *Clostridium* y *Propionibacterium.* No obstante, ciertos *Clostridium* son ligeramente aerotolerantes.

POTENCIAL REDOX

El **potencial RedOx** es una medida de la disponibilidad del oxígeno.

Inmediatamente después de la muerte del animal, el músculo todavía contiene en profundidad reservas de oxígeno, que hacen que el potencial RedOx sea positivo y elevado, lo que favorece el crecimiento de microorganismos aeróbicos (requieren de la presencia de oxígeno para desarrollarse). Los principales microorganismos de este tipo que contaminan la carne son los pertenecientes a los géneros *Pseudomonas* y *Micrococcus*.

Posteriormente, las reservas de oxígeno se agotan por falta de renovación por la sangre, el potencial redox profundo disminuye rápidamente y se hace negativo. Las condiciones reductoras que se crean, son propicias para el desarrollo de gérmenes anaerobios de la putrefacción, los más representativos de este tipo son los del genero *Clostridium*.

2.1.8.9   Interacción de los factores intrínsecos

La tasa de crecimiento microbiano se verá afectada por interacciones complejas entre los factores (nutrientes, agua, pH, temperatura, tiempo y oxígeno) anteriormente descritos.

El impacto preciso de estas interacciones en el crecimiento microbiano es a menudo muy difícil de predecir. El rango óptimo de un factor puede cambiar cuando otro factor no es óptimo.

Por ejemplo, si a_w es menos que óptimo, el rango de pH en el que muchos microbios pueden crecer es más limitado. Cuando el pH es menos que óptimo, el valor de a_w necesario para el crecimiento será mayor. La presencia de ciertos ingredientes químicos también puede afectar el pH o la temperatura a la que crecen algunos microbios.

2.1.8.10   Interacción entre los microorganismos

Por lo general es infrecuente la existencia de un único tipo de microorganismo (bacteria, moho, levadura) en un alimento o en las superficies que entran en contacto con el alimento.

Además, la competencia entre distintas especies microbianas por nutrientes vitales puede afectar la tasa de crecimiento de los distintos microorganismos. Así, diferentes especies bacterianas se multiplican más rápidamente que otras, y las bacterias generalmente se multiplican más rápidamente que la mayoría de las levaduras y mohos.

Un rápido aumento en el número de una especie bacteriana en particular puede tener un efecto limitante en el crecimiento de otras bacterias, levaduras y mohos. Además, algunas especies microbianas pueden producir cambios químicos dentro del entorno de crecimiento que tienen un efecto inhibitorio sobre otros microorganismos.

Una gran variedad de microorganismos, incluyendo diferentes especies de bacterias, levaduras y mohos, pueden existir en los productos cárnicos y avícolas.

2.2 Microorganismos y deterioro del alimento

El deterioro de una alimento es causado por cambios físicos y químicos en el mismo que resultan en olores, sabores, texturas o colores indeseables.

Los microorganismos pueden causar el deterioro de los alimentos por dos mecanismos básicos:

- El mecanismo más importante está relacionado con el crecimiento de microbios de deterioro y su metabolismo activo de los componentes de los alimentos.

- El otro mecanismo de deterioro microbiano puede ocurrir incluso en ausencia de microbios vivos. A medida que los microbios mueren, pueden liberar varias enzimas que reaccionan y cambian las propiedades de los componentes de los alimentos, lo que lleva al deterioro.

2.2.1 Deterioro e inocuidad de un alimento

El deterioro microbiano de un alimento no tiene porqué afectar a su inocuidad.

Un alimento puede contener microorganismos peligrosos, pero aún así puede tener una apariencia, olor, sabor y textura normales.

Una alimento con señales obvias de deterioro pueden o no contener niveles dañinos de microorganismos peligrosos. Una variedad de bacterias, levaduras y mohos están involucrados en el deterioro de los alimentos, pero la mayoría no son patógenos.

Los microorganismos patógenos causantes de enfermedades, generalmente no afectan el sabor, el olor o la apariencia de los alimentos.

Los microorganismos que causan el deterioro de un alimento pueden ser más capaces de reproducirse en condiciones que pueden ser menos favorables para el crecimiento de los microorganismos patógenos. Sin embargo, algunas de las mismas condiciones que aceleran el deterioro, como el control inadecuado de la temperatura y la humedad, también fomentan el crecimiento de microbios patógenos. Por lo tanto, el deterioro de los alimentos no es solo una cuestión de calidad del producto; Representa la insalubridad y pone en tela de juicio la inocuidad y seguridad del producto.

2.2.2 Indicadores del deterioro de un alimento

Los indicadores del deterioro microbiano de los alimentos varían según los microorganismos involucrados y el curso temporal del deterioro.

Las bacterias y las levaduras generalmente resultan en la formación de limo, malos olores, sabores rancios y decoloración (gris, marrón o verde).

El deterioro causado por bacterias anaeróbicas, que pueden ser importantes en los productos envasados al vacío, pueden producir un sabor agrio distintivo debido a la producción de ácidos y gases orgánicos.

Los mohos que causan el deterioro de los alimentos a menudo resultan en una pegajosidad de la superficie del producto y, finalmente, la formación de colonias cremosas, negras o verdes con una apariencia borrosa o parecida a un bigotes.

2.2.3 Deterioro de los productos cárnicos

Hay tres mecanismos principales que pueden resultar en el deterioro de la carne y los productos avícolas después del sacrificio y durante el procesamiento y almacenamiento.

Deterioro enzimático autolítico debido a la ruptura post-mortem normal de las membranas celulares y la liberación de enzimas que resultan en el deterioro de la calidad del producto.

Oxidación de lípidos que implica reacciones entre las moléculas de oxígeno y grasa en el producto, lo que resulta en rancidez.

Deterioro microbiano. Todos los alimentos crudos e incluso ciertos alimentos procesados pueden contener microbios que eventualmente causarán deterioro a menos que sean controlados o destruidos.

2.3 Peligros físicos

Los **peligros físicos** son aquellas materias extrañas presentes en los alimentos que pueden causar daños de tipo mecánicos o traumáticos (heridas, cortes y obstrucción de las vías respiratorias entre otros) cuando se ingieren.

Los peligros físicos se clasifican ampliamente como peligros físicos "duros / lacerantes" y peligros de "asfixia". Ambas categorías pueden causar daños al consumidor del alimento. Estas lesiones pueden incluir daño dental, laceración de la boca o la garganta, laceración o perforación del intestino y asfixia e incluso pueden conducir a la muerte.

Entre los peligros físicos para los alimentos conviene mencionar los siguientes:

- Materias extrañas que pueden acompañar las materias primas, como: espinas, fragmentos de huesos, fragmentos de plumas, partes de insectos, partículas de polvo, pelos, piedras, ramas, tierra.

- Materias extrañas provenientes del procesamiento del alimento que se incorporan al mismo como: fragmentos de cartón, fragmentos de metales férricos y no férricos, fragmentos de plástico, fragmentos de vidrio, juntas del equipo, tornillos del equipo, objetos personales de los manipuladores de los alimentos.

Los peligros físicos pueden convertirse en precursores de peligros biológicos, como en el caso de partes de insectos o pelos de roedores.

2.3.1 Fuentes de contaminación física

La contaminación con agentes físicos de un alimento puede estar relacionada con:

- Los ingredientes y materias primas del alimento. Materias extrañas que pueden acompañar a los ingredientes y las materias primas.

  Ejemplo: espinas, fragmentos de huesos, fragmentos de plumas, partes de insectos, partículas de polvo, pelos, piedras, ramas, tierra.

- El <u>procesamiento</u> del alimento. Materias extrañas provenientes del procesamiento del alimento que se incorporan al mismo.

  Ejemplo: fragmentos de cartón, fragmentos de metales férricos y no férricos, fragmentos de plástico, fragmentos de vidrio, juntas del equipo, tornillos del equipo, etc.

- Las <u>instalaciones</u>, los <u>equipos</u> y los <u>utensilios</u> en contacto con el alimento. Materias extrañas provenientes de las instalaciones, equipos y utensilios que se incorporan al alimento.

  Ejemplo: fragmentos de vidrio, partículas de polvo,

- El <u>personal</u> que manipula el alimento. Cuando el personal que manipula el alimento es la fuente de la contaminación física.

  Ejemplo: objetos personales de los manipuladores de los alimentos.

2.4 Peligros químicos

Peligros químicos son los asociados a la incorporación, la formación o la persistencia en el alimento de sustancias químicas nocivas procedentes de las materias primas, contaminante ambientales o contaminantes procedentes del procesamiento del alimento.

Ejemplos de contaminantes químicos:

- Acrilamida.

- Aditivos alimentarios no aprobados.

- Alérgenos.

- Biotoxinas marinas.

- Contaminantes orgánicos persistentes:

  - Dioxinas.

  - Policlorobifenilos (PCBs).

- Contaminantes químicos medioambientales.

- Contaminación radiológica.

- Metales pesados.

- Micotoxinas.

- Nitratos.

- Restos de medicamentos.

- Restos de productos químicos.

- Restos de productos fitosanitarios.

- Restos de lubricantes.

- Sustancias químicas inorgánicas.

- Sustancias químicas que ocasionan intolerancia.

Los peligros químicos también pueden estar presentes como resultado de la adición excesiva de aditivos o el procesamiento excesivo mediante cocción térmica.

Los peligros químicos suelen ser indetectables a través de observaciones visuales y pueden necesitar pruebas químicas.

2.4.1 Fuentes de contaminación química

La contaminación química de un alimento puede estar relacionada con:

- Los ingredientes y materias primas del alimento. Cuando los ingredientes y las materias primas son los portadores de sustancias químicas que comprometen la inocuidad del alimento.

  Ejemplos: aditivos no autorizados, alérgenos, biotoxinas marinas, formación de histamina, metales pesados en productos agrícolas, micotoximas, contaminantes químicos del medio ambiente, metales pesados, productos fitosanitarios, productos químicos de los envases que pasan al alimento, restos de medicamentos veterinarios, etc.

- El procesamiento del alimento. Debida a la contaminación del alimento al entrar en contacto con sustancias químicas durante su procesamiento.

  Ejemplos: contaminación por sulfitos, contaminación por lubricantes, contaminación por productos de limpieza, contaminación por refrigerantes, contaminación radiológica del agua utilizada en el procesamiento del alimento, formación de acrilamida durante el tratamiento térmico del alimento, formulación inadecuada del alimento, etc.

- Las <u>instalaciones</u>, los <u>equipos</u> y los <u>utensilios</u> en contacto con el alimento. Debida a la contaminación del alimento al entrar en contacto con sustancias químicas provenientes de las instalaciones, equipos y utensilios en contacto con los alimentos.

  Ejemplos: contaminación por lubricantes, contaminación por productos de limpieza, contaminación por metales pesados, etc.

2.4.2 Acrilamida

La **acrilamida** es una sustancia química que se crea de forma natural en productos alimenticios que contienen almidón durante procesos de cocinado cotidianos a altas temperaturas (fritura, tostado, asado y también durante procesos industriales a 120ºC y a baja humedad).

La acrilamida se forma principalmente gracias a los azúcares y aminoácidos (sobre todo, la asparagina) que están presentes de forma natural en muchos alimentos. El proceso químico causante se conoce como reacción de Maillard, dando lugar a un color y un aroma que resultan organolépticamente apetecibles.

2.4.2.1 Efectos nocivos para la salud de la acrilamida

Los animales de laboratorio expuestos a la acrilamida de forma oral tienen más probabilidad de desarrollar mutaciones genéticas y tumores (en glándulas mamarias, testículos y glándulas tiroides en ratas, y en las glándulas harderianas y mamarias, pulmones, ovarios, piel y estómago en ratones, entre otros). La glicidamida es la causa más probable de estos tipos de efectos adversos en animales. La exposición a la acrilamida puede provocar efectos nocivos en el sistema nervioso (incluyendo la parálisis de los cuartos traseros), en el desarrollo pre y postnatal y en la reproducción masculina.

Los resultados de los estudios en humanos proporcionan pruebas limitadas e inconsistentes en cuanto al aumento del riesgo de desarrollo de cáncer (en el riñón, el endometrio y los ovarios) relacionado con la exposición a la acrilamida a través de la dieta.

INGESTA DIARIA TOLERABLE

La acrilamida y su metabolito, la glicidamida, son genotóxicas y carcinógenas. Puesto que cualquier nivel de exposición a una sustancia genotóxica podría dañar de forma potencial el ADN y conllevar la aparición de cáncer, los científicos de la EFSA concluyen que no pueden establecer una ingesta diaria tolerable (TDI) de acrilamida en alimentos.

2.4.3 Alérgenos

Alérgeno es toda sustancia que puede ocasionar una reacción alérgica.

Los alérgenos son proteínas o glicoproteínas presentes de forma natural en los alimentos, tanto los de origen animal como vegetal.

Los alérgenos se pueden encontrar en los alimentos elaborados como resultado de la utilización de algún ingrediente con capacidad alergénica o de aditivos alimentarios y/u otros coadyuvantes tecnológicos que derivan de alimentos alergénicos o que se vehiculan con algún soporte alimentario con capacidad alergénica.

También pueden estar presentes en el producto final, como resultado de una contaminación cruzada producida durante el proceso de elaboración del alimento.

No existen para los alérgenos un umbral por debajo del cual una persona susceptible no pueda desarrollar una reacción alérgica.

2.4.3.1 Alimentos alergénicos

Aunque cualquier alimento, o sus componentes, pueden dar lugar a reacciones alérgicas, se han identificado algunos grupos que están asociados más frecuentemente.

Grupos de alimentos que ocasionan reacciones alérgicas: crustáceos, huevos, pescado, moluscos, cacahuetes, soja, leche, frutas con cáscara, apio, mostaza, granos de sésamo, altramuces y sus derivados correspondientes

2.4.4 Biotoxinas marinas

Las **biotoxinas marina**s son toxinas sintetizadas por diversos microrganismos marinos, generalmente algas. Cuando hay un alto crecimiento o floración de dichas algas ("mareas rojas»), hay una producción masiva de estas toxinas, siendo perjudicial para el ecosistema marino. Esto provoca que los organismos marinos, como los moluscos bivalvos, los gasterópodos y los crustáceos acumulen estas toxinas, pudiendo ocasionar riesgo para la salud humana si son consumidos.

2.4.4.1   Tipos de biotoxinas marinas

Existen los siguientes tres grupos de biotoxinas: las hidrofílicas, las lipofílicas y las anfipáticas.

Las principales **biotoxinas hidrofílicas** son las siguientes:

- Ácido domoico (DA).

- Saxitoxina (STX), también llamada toxina paralítica (PST).

- Tetrodotoxinas (TTX).

Entre las **biotoxinas lipofílicas** podemos encontrar las siguientes:

- Ácido okadaico (OA).

- Yesotosinas (YTX).

- Pectenotoxinas (PTX).

- Toxinas del grupo Azaspirácido (AZA).

- Iminas Cíclicas (IC).

- Ciguatoxinas (CTX).

- Brevetoxinas (NST).

Biotoxinas anfipáticas:

- Palitoxinas (PITX)

2.4.4.2   Efectos nocivos para la salud de las biotoxinas marinas

Los principales efectos nocivos para la salud de la biotoxinas marinas son los siguientes:

- Toxinas amnésicas, que causan amnesia por consumo de marisco (amnesic shellfish poisoning, ASP).
- Toxinas diarreicas, que causan diarrea por consumo de marisco (diarrhoeic shellfish poisoning, DSP).

- Toxinas paralizantes, que causan parálisis por consumo de marisco (paralytic shellfish poisoning, PSP).

- Toxinas neurotóxicas, que causan neurotoxicidad por consumo de marisco (neurotoxic shellfish poisoning, NSP).

- Azaspirácidos, que causan una intoxicación característica por consumo de marisco (azaspiracid shellfish poisoning, AZP).

- Ciguatoxinas, que causan el síndrome conocida como ciguatera por consumo de pescado (ciguatera fish poisoning, CFP).

2.4.5 Contaminantes orgánicos persistentes

Los Contaminantes Orgánicos Persistentes (COP), conocidos internacionalmente por su acrónimo inglés POPs (Persistent Organic Pollutants), son sustancias químicas que se caracterizan por:

- Ser persistentes. Los COPs tienen una elevada permanencia en el medio ambiente al ser resistentes a la degradación. La mayoría de los COP son compuestos organoclorados (con una estructura molecular basada en el carbono y el cloro). El enlace carbono-cloro es difícil de romper, de manera que la presencia de cloro disminuye, también, la reactividad de otros enlaces en las moléculas orgánicas.

- Ser bioacumulables. Los COPs se incorporan en los tejidos de los seres vivos (son solubles en grasas) pudiendo aumentar su concentración a través de la cadena trófica.

- Ser altamente tóxicos y provocar graves efectos sobre la salud humana y el medio ambiente. La química del cloro produce más de 11.000 compuestos organoclorados, la mayoría dañinos para las personas, los animales y el medio ambiente en general.

- Trasportarse a larga distancia, pudiendo llegar a regiones en las que nunca se han producido o utilizado.

TIPOS DE COPs

Entre los COP más importantes desde el punto de vista de la salud pública están las dioxinas y los PCBs, así como otras sustancias que contienen en su estructura química otros halógenos distintos al cloro (BFR, PFOS y PFOA, organoestánnicos).

2.4.5.1   Dioxinas

El término "dioxinas" se utiliza frecuentemente para designar a dioxinas y furanos. Las dioxinas.

Las dioxinas son un tipo de compuestos orgánicos tricíclicos clorados que abarca un grupo de 75 congéneres policlorodibenzo-p-dioxinas (PCDD) y 135 policlorodibenzofuranos (PCDF). De este conjunto de compuestos se ha considerado que 17 congéneres entrañan riesgos toxicológico.

Las dioxinas son principalmente subproductos no intencionados de una serie de procesos químicos, así como de casi todos los procesos de combustión (incluidas las erupciones volcánicas o incendios forestales).

Las dioxinas son de origen natural y antropogénico.

La quema de basuras, las emisiones de la industria química, metalurgia y del papel, así como la síntesis de plaguicidas, son importantes fuentes medioambientales de dioxinas.

Los suelos y los sedimentos son depósitos importantes de dioxinas dada la persistencia de estos contaminantes en el medio ambiente.

2.4.5.2   Policlorobifenilos

Los policlorobifenilos (PCBs) son un grupo de 209 congéneres diferentes sintetizados químicamente (no naturales) que pueden clasificarse en dos categorías en función de sus propiedades toxicológicas: 12 de ellos presentan propiedades toxicológicas similares a las de las dioxinas, al tener estructuras coplanares, por lo que se los conoce generalmente con el nombre de PCBs similares a las dioxinas (DL-PCBs). Los demás PCBs, no similares a dioxinas, presentan una toxicidad menor ya que poseen un perfil toxicológico diferente (NDL-PCBs)

Los PCBs son productos químicos producidos intencionalmente como material aislante en equipos eléctricos, aceites de transformadores o disolventes para plaguicidas o pinturas, debido a sus propiedades de alta estabilidad, baja inflamabilidad y baja conductividad.

La liberación de los PCBs al medioambiente se produce principalmente por fugas de antiguos equipos eléctricos todavía en uso (transformadores, cables) o bien por el desecho inapropiado de equipos obsoletos.

Otra fuente importante donde se liberan PCBs al medioambiente, debido a su uso abierto en plaguicidas, sellantes, pinturas, etc., son los vertederos, la migración, las emisiones a la atmósfera debidas a la evaporación, la incineración de residuos, las aguas residuales y la combustión de residuos de aceite.

La mayor parte de estos productos, en la grasa de la biota, se extiende actualmente por los suelos, los sedimentos y todo el entorno acuático ("contaminación histórica").

2.4.6 Metales pesados

Los metales pesados pueden estar presentes en distintos niveles en el medio ambiente, tanto en el suelo y en el agua como en la atmósfera.

La presencia de los metales pesados en el medio ambiente es debida tanto a causas naturales como debido a las actividades humanas como la agricultura, la industria o las emisiones de escape de automóviles, o de la contaminación durante el procesamiento y el almacenamiento de los alimentos.

La toxicidad de los metales pesados es debida a que no son degradables y a que se acumulan en lo tejidos de los seres vivos a lo largo de la cadena alimentaria.

Las personas pueden verse expuestas a los metales pesados presentes en el medio ambiente o través de la ingesta de agua o alimentos contaminados. La acumulación de los metales pesados en los tejidos del cuerpo puede provocar efectos nocivos con el tiempo.

y entre los más susceptibles de presentarse en el agua destacamos mercurio, níquel, cobre, plomo y cromo.

Los metales pesados más importantes en cuestión de salud son el mercurio, el plomo, el cadmio, el níquel y el zinc. Algunos elementos intermedios como el arsénico y el aluminio, los cuales son muy relevantes desde el punto de vista toxicológico, se estudian habitualmente junto a los metales pesados.

Metal	Símbolo químico	Efectos nocivos
Arsénico	As	Cancerígeno. Tóxico.
Cadmio	Cd	Cancerígeno. Tóxico.
Estaño	Sn	Tóxico.
Mercurio	Hg	Tóxico.
Níquel	Ni	Cancerígeno. Tóxico.
Plomo	Pb	Carcinógeno. Neurotóxico.

La presencia de los metales pesados en los alimentos se determina mediante espectrometría de emisión atómica.

2.4.7 Micotoxinas

Las toxinas fúngicas (**micotoxinas**) son sustancias producidas por varios centenares de especies de mohos que pueden crecer sobre los alimentos en determinadas condiciones de humedad y temperatura. Las micotoxinas representan un riesgo serio para la salud humana y animal.

Las micotoxinas son compuestos químicos producidos de forma natural (no antropogénicos) en el metabolismo secundario de algunos géneros de hongos. Las más importantes son las toxinas producidas por mohos de los géneros *Aspergillus, Fusarium y Penicillium*.

Las micotoxinas entran en la cadena alimentaria normalmente a través de cultivos contaminados, principalmente cereales, que son destinados a alimentos y piensos.

Existe una variedad muy amplia de micotoxinas que puede afectar a la salud humana y al ganado, dependiendo del hongo que las produce, y cuya presencia depende de muchos factores como el tipo de alimento, la humedad y la temperatura.

Hay micotoxinas que se forman principalmente en el campo (durante el cultivo), otras durante la cosecha y otras durante el almacenamiento (o en varias etapas a la vez).

Una vez presentes en el alimento, las micotoxinas no se puede descontaminar, resistiendo los procesos de secado, molienda y procesado. Además, debido a su estabilidad térmica, no suelen desaparecer mediante el cocinado.

2.4.7.1 Tipos de micotoxinas

Existe una variedad muy amplia de micotoxinas que puede afectar a la salud humana y a los animales, destacando las siguientes:

- Aflatoxinas (*Aspergillus flavus* y *Aspergillus parasiticus*)
  - Aflatoxina B1.

- Aflatoxina B2.

- Aflatoxina G1.

- Aflatoxina G2.

- Aflatoxina M1.

- Aflatoxina M2.

- Toxinas de *Fusarium* (Género Fusarium. Fusarium graminearum)

  - Zearalenona y sus metabolitos.

  - Deoxinivalenol.

  - Nivalenol.

  - Toxinas T-2 y HT-2.

  - Fumonisina 1 y Fumonisina 2.

- Ocratoxina A (*Aspergillus ochraceus* y *Penicillium verrucosum*).

- Patulina (*Aspergillus, Byssochlamys y Penicillium*).

- Citrinina.

- Alcaloides ergóticos (alcaloides del cornezuelo del centeno-Claviceps purpurea).

- Toxinas de *Alternaria*.

- Otras micotoxinas.

2.4.7.2 Efectos nocivos para la salud de las micotoxinas

La presencia de micotoxinas en los alimentos y piensos puede afectar a la salud humana y animal ya que pueden causar diversos efectos adversos como la inducción del cáncer y mutagenicidad, así como problemas en el metabolismo de los estrógenos, gastrointestinales o en el riñón.

Algunas micotoxinas son también inmunodepresoras, reduciendo la resistencia a enfermedades infecciosas.

Hay micotoxinas que producen estos efectos toxicológicos por exposición a las mismas a largo plazo y otras que presentan, además, efectos agudos (principalmente gastrointestinales), como el deoxinivalenol.

2.4.7.3 Alimentos portadores de micotoxinas

Las micotoxinas aparecen a lo largo de toda la cadena alimentaria, desde los cultivos en el campo hasta los alimentos procesados, pasando por piensos y alimentos crudos o sin procesar.

Alimentos sin procesar susceptibles de la contaminación por micotoxinas y que contribuyen a la exposición a micotoxinas son: los cereales, las semillas oleaginosas, frutas, verduras, frutos secos, frutas desecadas, habas de café, habas de cacao y especias.

Alimentos procesados que son importantes fuentes de exposición a micotoxinas sonlos productos a base de: cereales (pan, pasta, cereales de desayuno, etc.), las bebidas (vino, café, cacao, cerveza, zumos), los alimentos de origen animal (leche, queso) y los alimentos infantiles.

2.4.8Nitratos

Los nitratos son compuestos presentes en el medio ambiente de forma natural como consecuencia del ciclo del nitrógeno, pero puede ser alterado por diversas actividades agrícolas e industriales.

Los nitratos están ampliamente distribuidos en los alimentos, siendo la principal fuente de exposición humana a nitratos el consumo de verduras y hortalizas, y en menor medida, el agua de bebida y otros alimentos. Algunas especies de vegetales acumulan los nitratos en sus partes verdes. Por tanto, los cultivos de hoja como las lechugas y espinacas generalmente presentan mayores concentraciones de nitratos.

Los nitratos también son usados en agricultura como fertilizantes y en el procesado de alimentos como aditivo alimentario autorizado.

2.4.9Nitritos

El nitrato en sí es relativamente poco tóxico. Su toxicidad viene determinada por su conversión a nitrito. El nitrato puede transformarse en nitrito por reducción bacteriana tanto en los alimentos (durante el procesado y el almacenamiento), como en el propio organismo (en la saliva y el tracto gastrointestinal). Los nitritos en sangre oxidan el hierro de la hemoglobina produciendo metahemoglobinemia, incapaz de transportar el oxígeno, muy frecuente en bebés expuestos a altas concentraciones de nitratos en los alimentos ("Síndrome del bebé azul").

El almacenamiento inadecuado de hortalizas de hoja cocidas (por ejemplo, verduras almacenadas a temperatura ambiente durante largos períodos de tiempo) puede resultar en la conversión de nitrato a nitrito, conversión que puede verse acelerada cuando estas hortalizas están en forma de puré.

2.4.10   Productos fitosanitarios

Los **productos fitosanitarios** son mezclas químicas que contienen una o varias sustancias activas y otros ingredientes, y cuyo objetivo es proteger los vegetales y sus productos de organismos nocivos. También se consideran productos fitosanitarios a las sustancias que destruyen las plantas, regulan o inhiben la germinación.

TIPOS DE PRODUCTOS FITOSANITARIOS

Tipos de productos fitosanitarios:

- Germinadores.

- Plaguidas.

2.4.10.1 Plaguicidas

Los **plaguicidas** son sustancias destinadas a prevenir, destruir o controlar cualquier plaga, incluyendo las especies no deseadas de plantas o animales que causan perjuicio o interfieren de cualquier otra forma en la producción, la elaboración, el almacenamiento, el transporte o la comercialización de alimentos y otros productos agrícolas.

TIPOS DE PLAGUICIDAS

Tipos de plaguicidas según el ámbito en el que se utilizan:

- **Productos fitosanitarios** son los plaguicidas de uso agrícola.

- **Biocidas** son los plaguicidas no agrícolas. Dentro del grupo de los biocidas incluyen los plaguicidas de uso ambiental, destinados a operaciones de desinfección, desinsectación y desratización (DDD) en locales públicos o privados, establecimientos fijos o móviles, medios de transporte y sus instalaciones y los plaguicidas para uso en la industria alimentaria, destinados a tratamientos externos de transformación de vegetales, de productos de origen animal y de sus envases, así como los destinados al tratamiento de locales, instalaciones o maquinaria relacionada con la industria alimentaria.

Tipos de plaguicidas según la plaga sobre la que actúan:

- **Acaricidas** actúan frente a ácaros y arañas: araña roja, pulgones, …

- **Insecticidas** son efectivos frente a insectos como el Prays oleae (mosca del olivo), mosca blanca (algodón), etc.

- **Herbicidas** efectivos para la eliminación de malas hierbas como el hopo, coniza, genaria, arenaria, cerraja, etc. Existen más de 40 especies de malas hierbas asociadas al olivo entre anuales y perennes.

- **Bactericidas** eliminan bacterias causantes de enfermedades en cultivos. La Xylella fastidiosaes una bacteria con un gran potencial patógeno que puede afectar gravemente a cultivos de gran importancia económica en como son el olivo, la vid, cítricos, frutales de hueso y almendros.

- **Fungicidas** efectivos frente a hongos, ya sea para su tratamiento o de forma preventiva. Por ejemplo el mildiu y oídio de la vid, fusariosis, verticilosis, etc.

- **Rodenticidas** actúan frente a roedores.

- **Nematicida**s actúan frente a nematodos y gusanos, orugas.

- **Helicidas** utilizados para combatir caracoles y babosas.

2.4.10.2   Toxinas naturales

Las **toxinas naturales** son compuestos tóxicos producidos de forma natural por organismos vivos y que pueden ser tóxicas para los animales y las personas cuando las se ingieren a través de los alimentos.

TIPOS DE TOXINAS NATURALES

Las principales toxinas naturales que pueden afectar a la inocuidad de los alimentos son las siguientes:

- Alcaloides de pirrolizidina. Presente en las familias vegetales *Boraginaceae*, *Asteraceae* y *Fabaceae*. Se han detectado principalmente en tés, miel, hierbas aromáticas, especias, cereales y productos de cereales.

- Biotoxinas acuáticas. Presentes en los pescados y los mariscos.

- Furocumarinas. Presentes en la zanahoria, el perejil, el apio y en los árboles cítricos.

- Glucósidos cianogénicos. Presentes en la yuca, el sorgo, las frutas de hueso, las raíces de bambú y las almendras.

- Lecitinas. Presentes en las habas y las alubias secas.

- Micotoxinas. Presnetes en los cereales, leguminosas, especias, frutos secos, frutas y hortalizas (ficha micotoxina OMS).

- Muscimol y muscarina. Presentes en los hongos y las setas.

- <u>Solanina y chaconina</u>. Presentes en todas las plantas solanáceas, tales como tomates, patatas, berenjenas, calabacín, calabaza.

EFECTOS ADVERSOS PARA LA SALUD

Los efectos adversos para la salud humana de las toxinas naturales presentes en los alimentos pueden ser intoxicaciones agudas que van desde reacciones alérgicas hasta afecciones grastrointestinales (diarrea, vóitos, dolores abdominales) e incluso en algunos casos puede desencadenar la muerte (como en el caso de setas venenosas y glucósidos cianogénicos, entre otras).

2.4.11 Contaminación radiológica

Todos los alimentos contienen radionucleidos de manera natural. Estos se transfieren del suelo a los cultivos y de estos a los animales.

En el caso del agua la radioactividad presente de manera natural en los sedimentos se transfiere a los peces de los ríos, lagos y mares.

Los niveles de estas sustancias naturales en los alimentos y en el agua potable por lo general son muy bajos y seguros para el consumo humano. No obstante, sus concentraciones pueden variar considerablemente en función de la geología local, el clima, las prácticas agrícolas y en casos más extremos, en situaciones de emergencia nuclear.

Los peligros radiológicos son comunes en materiales vegetales o de cultivos ya que su fuente de nutrientes en el suelo y el agua.

Los efectos de los peligros radiológicos no necesariamente se muestran de inmediato, pero pueden acumularse con el tiempo a niveles peligrosos.

3   Plan APPCC / HACCP

El desarrollo e implementación del plan APPCC / HACCP en una organización requiere la realización de los siguientes pasos:

1. Creación del equipo de APPCC / HACCP.

2. Establecimiento de los programas de prerrequisitos (PPRs).

3. Descripción de las materias primas, ingredientes y materiales en contacto con el producto.

4. Descripción y uso previsto del producto.

5. Diagramas de flujo de los procesos de producción.

6. Descripción de los procesos de producción y su entorno.

7. Análisis de peligros.

8. Determinación de los puntos críticos de control (PCC).

9. Medidas de control.

10. Validación de las medidas de control y combinaciones de medidas de control.

11. Plan de control de peligros (plan HACCP/PPRO).

12. Control del seguimiento y la medición.

13. Verificación de los PPRs y del plan de control de peligros.

14. Revisión y actualización de los PPRs y del plan de control de peligros.

15. Documentación del APPCC / HACCP.

3.1 Equipo de APPCC / HACCP

El equipo de APPCC / HACCP es un equipo multidisciplinario de inocuidad alimentaria constituido por los responsables de aseguramiento de la calidad, gerencia técnica, operaciones de producción y otras funciones relevantes (p. ej., ingeniería, higiene).

Los miembros del equipo de APPCC / HACCP deberán tener conocimientos específicos de HACCP y conocimientos relativos a productos, procesos y peligros asociados.

El equipo de APPCC / HACCP es responsable de desarrollar, implementar, monitorizar, evaluar y mantener actualizado el APPCC / HACCP de la organización.

3.2 Líder del equipo de APPCC / HACCP

Entre los miembros del APPCC / HACCP se elegirá un líder que gestionará al equipo.

El líder del equipo de APPCC / HACCP deberá tener amplios conocimientos sobre los principios de APPCC / HACCP del Codex (o equivalentes) y ser capaz de demostrar su competencia, experiencia y capacitación.

Los integrantes del equipo de APPCC / HACCP estan documentados y registrados en el formulario correspondiente. Por ejemplo, ver formulario *FO-SGIA-001001* en el Anexo.

3.3 Programas de prerrequisitos

Los **programas de prerrequisitos** (PPRs) establecen las condiciones y actividades básicas necesarias para mantener a lo largo de toda la cadena alimentaria un <u>ambiente higiénico apropiado</u> para la producción, manipulación y provisión de productos finales inocuos y alimentos inocuos para el consumo humano.

Los PPRs controlan los <u>peligros genéricos</u> existentes a lo largo de la cadena alimentaria.

Se consideran PPRs los siguientes: Buenas Prácticas Agrícolas (BPA), Buenas Prácticas Veterinarias (BPV), Buenas Prácticas de Fabricación/Manufactura (BPF, BPM), Buenas Prácticas de Higiene (BPH), Buenas Prácticas de Producción (BPP), Buenas Prácticas de Distribución (BPD), y Buenas Prácticas de Comercialización (BPC).

Los PPRs necesarios en una organización determinada dependen del segmento de la cadena alimentaria en el que opera dicha organización.

EJEMPLO

Ejemplos de PPRs:

- Infraestructura.

- Control de la calidad del agua.

- Control de materias primas y proveedores.

- Control de plagas.

- Formación de los manipuladores de alimentos.

- Plan de gestión de residuos.

- Limpieza y desinfección.

- Mantenimiento de instalaciones y equipos.

- Mantenimiento de la cadena de frío.

- Trazabilidad.

Los PPRs desarrollados e implementados en la organización están documentados y registrados en el formulario correspondiente. Por ejemplo, ver formulario *FO-SGIA-001002* en el Anexo.

3.4 Descripción de las materias primas, ingredientes y materiales en contacto con el producto

El equipo de APPCC / HACCP identifica todos los requisitos legales y reglamentarios de inocuidad de los alimentos aplicables a todas las materias primas, ingredientes y materiales en contacto con el producto.

El equipo de APPCC / HACCP mantiene la siguiente información documentada referente a las materias primas, los ingredientes y los materiales en contacto con el producto:

a) las características biológicas, químicas y físicas;

b) la composición de los ingredientes formulados, incluyendo los aditivos y coadyuvantes del proceso;

c) el origen (por ejemplo, animal, mineral o vegetal);

d) el lugar de origen (procedencia);

e) el método de producción;

f) los métodos de envasado, embalaje y liberación;

g) las condiciones de almacenamiento y la vida útil;

h) la preparación y/o el tratamiento previo a su uso o procesamiento;

i) los criterios de aceptación relacionados con la inocuidad de los alimentos o las especificaciones de los materiales e ingredientes comprados, apropiados para su uso previsto.

Las especificaciones de las materias primas están documentadas y registradas en el formulario correspondiente. Por ejemplo, ver formulario *FO-SGIA-001003* en el Anexo.

3.5 Descripción y uso previsto del alimento

3.5.1 Descripción del alimento

El equipo de APPCC / HACCP identifica todos los requisitos legales y reglamentarios de inocuidad de los alimentos aplicables a todos los productos terminados.

El equipo de APPCC / HACCP mantiene la información documentada sobre las características de los productos terminados en el grado que sea necesario para realizar el análisis de peligros, incluyendo la información que sigue, según sea apropiado:

a) el nombre del producto o identificación similar;

b) la composición;

c) las características biológicas, químicas y físicas pertinentes para la inocuidad de los alimentos;

d) la vida útil prevista y las condiciones de almacenamiento;

e) el envase y embalaje;

f) el etiquetado en relación con la inocuidad de los alimentos y/o instrucciones para su manipulación, preparación y uso previsto;

g) los métodos de distribución y entrega.

3.5.2 Uso previsto del alimento

El equipo de APPCC / HACCP describe el uso previsto de cada alimento, en relación con el uso esperado del mismo por parte del consumidor final, tomando en consideración a los grupos de consumidores vulnerables.

El uso previsto, incluyendo la manipulación razonablemente esperada del producto terminado y todo uso no previsto pero razonablemente esperado, mal manejo y uso incorrecto del producto terminado, deben ser considerados y se deben mantener como información documentada en la medida que sea necesaria para realizar el análisis de peligros.

La descripción de los productos y sus usos previstos están documentados y registrados en el formulario correspondiente. Por ejemplo, ver formulario *FO-SGIA-001004* en el Anexo.

3.6 Diagramas de flujo de los procesos de producción

3.6.1 Elaboración del diagrama de flujo

El equipo de APPCC / HACCP elabora un diagrama de flujo para cada producto, grupo de productos y proceso de fabricación de cada producto elaborado por la organización así como los elaborados por terceros subcontratados.

El diagrama de flujo incluirá todas las etapas del proceso de fabricación, desde la recepción de materias primas hasta el procesado, almacenamiento y distribución.

El diagrama de flujo incluye, según sea apropiado, lo siguiente:

a) la secuencia e interacción de las etapas en la operación;

b) todo proceso contratado externamente;

c) dónde se incorporan al flujo las materias primas, los ingredientes, coadyuvantes de elaboración, materiales de embalaje, servicios y los productos intermedios;

d) dónde se reprocesa y se hace el reciclado;

e) dónde se liberan o eliminan los productos terminados, los productos intermedios, los subproductos y los desechos.

Cada etapa del proceso de fabricación del alimento está identificada y codificada.

El diagrama de flujo del proceso de fabricación será claro, preciso y suficientemente detallado en la medida necesaria para realizar el análisis de peligros.

Los diagramas de flujo del proceso de fabricación se utilizan durante el análisis de peligros para evaluar la posible presencia, incremento, disminución o introducción de peligros relacionados con la inocuidad de los alimentos.

Los diagramas de flujo de los procesos de producción documentados y registrados en el formulario correspondiente. Por ejemplo, ver formulario *FO-SGIA-001005* en el Anexo.

3.6.2 Verificación del diagrama de flujo

El equipo de APPCC / HACCP verifica *in situ* la precisión de los diagramas de flujo del proceso de fabricación, lo actualiza cuando corresponda.

3.7 Descripción de los procesos de producción y su entorno

El equipo de APPCC / HACCP describe los procesos de producción y su entorno, indicando:

a) la distribución de las instalaciones, incluidas las áreas de manipulación de alimentos y otras;

b) el equipo de procesamiento y materiales de contacto, coadyuvantes de procesamiento y flujo de materiales;

c) los PPR existentes, los parámetros del proceso, las medidas de control (si las hay) y/o la rigurosidad con que se aplican, o los procedimientos que pueden influir en la inocuidad de los alimentos;

d) los requisitos externos (por ejemplo, de autoridades legales o reglamentarias o clientes) que pueden afectar la elección y la rigurosidad de las medidas de control.

Las descripciones de los procesos productivos (fabricación) y sus entornos se actualizan cuando se produzcan cambios en los mismos.

Las descripciones de los procesos de producción y su entorno están documentados y registrados en el formulario correspondiente. Por ejemplo, ver formulario *FO-SGIA-001006* en el Anexo.

3.8 Análisis de peligros

3.8.1 Finalidad del análisis de peligros

El equipo de APPCC / HACCP realiza un análisis de peligros para determinar cuáles son los peligros potenciales que necesitan ser controlados para asegurar la inocuidad de los productos.

El análisis de peligros se realiza para determinar qué peligros potenciales para la inocuidad de los productos hay que prevenir, eliminar o reducir hasta niveles aceptables.

3.8.2 Proceso del análisis de peligros

El análisis de peligros se lleva a cabo en dos etapas:

1. Identificación de peligros potenciales y determinación de sus niveles aceptables.

2. Evaluación de los peligros.

3.8.3 Tipos de peligros

Los peligros que se pueden originar durante la fabricación y/o al comercialización de un producto y comprometer su inocuidad se clasifican según su naturaleza en: físicos, químicos, biológicos y alérgenos.

Peligros físicos son los asociados a la incorporación de materias extrañas en el producto que pueden causar daños cuando se consumen. Por ejemplo, fragmentos de metales, vidrios, piedras, insectos, objetos de los manipuladores, etc.

Peligros químicos son los asociados a la incorporación, la formación o la persistencia en el producto de sustancias químicas nocivas (alérgenos, cianuro, toxinas) procedentes de las materias primas, contaminante ambientales o contaminantes (restos de detergentes, restos de lubricantes, etc) procedentes del procesamiento del alimento.

Peligros biológicos son los asociados a la presencia, la incorporación, la supervivencia o la proliferación en el producto de bacterias patógenas, virus, algas, parásitos y hongos (mohos y levaduras).

3.8.4 Identificación de peligros

El equipo de APPCC / HACCP identifica y documenta todos los peligros potenciales relacionados con la inocuidad de los productos razonablemente previsibles en relación con el tipo de producto, el tipo de proceso y su entorno.

Cuando se identifican los peligros, el equipo de APPCC / HACCP tiene en consideración:

a) las etapas precedentes y siguientes en la cadena alimentaria;

b) todas las etapas en el diagrama de flujo;

c) los equipos del proceso, instalaciones/servicios, entorno del proceso y las personas.

El equipo de APPCC / HACCP indica las etapas (por ejemplo, la recepción de las materias primas, procesamiento, distribución y entrega) en las cuales se puede presentar, introducir, aumentar o mantener cada peligro potencial relacionado con la inocuidad de los alimentos.

3.8.4.1   Origen de los peligros

Los peligros potenciales para la inocuidad de los productos pueden clasificarse en los siguientes grupos:

a) **Peligros potenciales relacionados con el producto o las materias primas**. Estos peligros son intrínsecos al producto y se generan antes de la elaboración del producto.

b) **Peligros potenciales relacionados con la elaboración del producto o peligros relacionados con el proceso productivo**. Estos peligros no son intrínsecos al producto y se generan durante su elaboración en el proceso productivo.

3.8.4.2   Fuentes de información de peligros

La identificación de los peligros potenciales para la inocuidad de los alimentos puede realizarse en base a:

a) la información preliminar y los datos recopilados sobre:

- Los requisitos legales, reglamentarios y de los clientes aplicables.

- Las características de las materias primas, ingredientes y materiales en contacto con el producto.

- Las características de los productos terminados.

- El uso previsto.

- Diagramas de flujo.

- Descripción de los procesos y su entorno.

b) la experiencia;

c) la información interna y externa que incluya, en la medida de lo posible, los datos epidemiológicos, científicos y otros antecedentes históricos; y

d) la información de la cadena alimentaria sobre los peligros para la inocuidad de los alimentos relacionados con la inocuidad de los productos terminados, los productos intermedios y los alimentos en el momento del consumo;

e) los requisitos legales, reglamentarios y de los clientes.

3.8.4.3   Nivel aceptable del peligro

Siempre que sea posible, el equipo de APPCC / HACCP determina para cada peligro potencial, relacionado con la inocuidad de los productos, su nivel aceptable en el producto terminado.

Al determinar los niveles aceptables, el equipo de APPCC / HACCP debe:

a) asegurar que se identifiquen los requisitos legales, reglamentarios y de los clientes, que sean aplicables;

b) considerar el uso previsto de los productos terminados;

c) considerar toda otra información pertinente.

El equipo de APPCC / HACCP mantiene información documentada sobre la determinación de los niveles aceptables y la justificación de los niveles aceptables de los peligros potenciales.

Los peligros identificados en cada proceso de producción y su nivel aceptable están documentados y registrados en el formulario correspondiente. Por ejemplo, ver formulario *FO-SGIA-001007* en el Anexo.

3.8.5 Evaluación de peligros

Para cada peligro potencial relacionado con la inocuidad de los productos identificado, el equipo de APPCC / HACCP realiza una evaluación de peligros, para determinar si su prevención o reducción a niveles aceptables es esencial.

El nivel de riesgo se define en cada fase del proceso de elaboración del alimento según la **gravedad** o el efecto del peligro en relación con la **probabilidad** de que el peligro aparezca, a fin de determinar si es significativo o no y, por tanto, si es necesaria una medida de control en esta fase o en una fase posterior.

3.8.5.1   Probabilidad

P = probabilidad = la probabilidad de que aparezca el peligro en una fase determinada del proceso (materia prima, producto final o de otro tipo, etc.), teniendo en cuenta las medidas preventivas (PPR / BPH) y de control correctamente aplicadas en fases anteriores del proceso.

Valores de la probabilidad:

- Muy baja (1)

   ○ Posibilidad teórica: el peligro no ha ocurrido nunca antes.

○ La medida de control o el peligro son de tal naturaleza que, cuando la medida de control no funciona, la producción no es posible o bien los productos finales son inservibles (p. ej., concentración demasiado alta de colorantes como aditivos).

○ Se trata de una contaminación muy limitada o local.

- Baja (2)

○ Las medidas de control del peligro son de naturaleza general (BPH) y se aplican correctamente en la práctica.

- Media (3)

○ El fracaso o la ausencia de la medida de control (específica) no da lugar a la presencia sistemática de peligros en esa fase, pero el peligro puede aparecer en un determinado porcentaje del producto en el lote correspondiente.

- Elevada (4)

○ El fracaso o la ausencia de la medida de control (específica) dará lugar a un error sistemático; existe una alta probabilidad de que el peligro aparezca en esta fase.

3.8.5.2   Gravedad

G = gravedad = el efecto o la gravedad del peligro en relación con la salud humana

Valores de la gravedad:

- Limitada (1)

  ○ No existe ningún problema para el consumidor relacionado con la seguridad alimentaria (tipo de peligro, p. ej., papel, plástico blando, materiales extraños de gran tamaño).

  ○ El peligro nunca puede alcanzar concentraciones peligrosas (p. ej., colorantes, S. aureus en un producto alimenticio congelado en que su multiplicación hasta recuentos altos es muy improbable o no puede producirse debido a las condiciones de almacenamiento y a la cocción).

- Moderada (2)

  ○ No se producen lesiones ni síntomas graves, o solamente se producen a causa de una exposición a una concentración extremadamente elevada durante un período de tiempo largo.

  ○ Un efecto temporal pero claro sobre la salud (p. ej., piezas pequeñas).

- Elevada (3)

  ○ Un efecto claro sobre la salud con síntomas a corto o largo plazo que rara vez provocan la muerte (p. ej., gastroenteritis o peligros microbiológicos como *Campylobacter* o *Bacillus cereus*).

- El peligro tiene un efecto a largo plazo; la dosis máxima no se conoce (p. ej., residuos de plaguicidas, etc.).

• Muy elevada (4)

- El grupo de consumidores pertenece a una categoría de riesgo y el peligro puede provocar la muerte.

- El peligro provoca síntomas graves que pueden provocar la muerte, incluso a largo plazo (p. ej., Salmonella, Listeria monocytogenes, dioxinas, aflatoxinas, etc.).

- Lesiones permanentes.

3.8.5.3   Nivel de riesgo

El nivel de riesgo se determina en una escala del 1 al 7.

El riesgo puede definirse como el número de incidentes esperados (probabilidad) en relación con el perjuicio que cabe esperar (gravedad) por incidente.

$$R = P \cdot G$$

El nivel de riesgo se determina en una escala del 1 al 7.

Valores para el nivel de riesgo:

- **Niveles de riesgo 1 y 2**. Peligro con riesgo bajo. No existen acciones específicas, control del peligro con las PPR / BPH.

- **Niveles de riesgo 3 y 4**. Peligro con riesgo medio. Posibles PPRO. Pregunta adicional a la que debe responder el equipo de APPCC: ¿son las medidas preventivas generales descritas en las PPR / BPH suficientes para controlar el peligro detectado?

- ○ En caso AFIRMATIVO: PPR / BPH
- ○ En caso NEGATIVO: PPRO

- **Niveles de riesgo 5, 6 y 7**. Peligro con riesgo alto. Estudiar la determinación de PCC.

A la hora de adoptar una decisión definitiva sobre un PPC o PPRO en una determinada fase, debe tenerse en cuenta:

- la presencia de un paso siguiente que elimine el riesgo o reduzca su posibilidad de aparición a un nivel aceptable.

- la gravedad y la probabilidad de la desviación y la capacidad para detectar desviaciones.

			GRAVEDAD			
			Limitada	Moderada	Elevada	Muy elevada
			1	2	3	4
PROBABILIDAD	Muy baja	1	1	2	3	4
	Baja	2	2	3	4	5
	Media	3	3	4	5	6
	Elevada	4	4	5	6	7

Evaluación de los peligros alimentarios identificados:

- Peligro de riesgo bajo.

- Peligro de riesgo medio.

- Peligro de riesgo alto.

La evaluación de los peligros identificados en cada proceso de producción está documentada y registrada en el formulario correspondiente. Por ejemplo, ver formulario *FO-SGIA-001008* en el Anexo.

3.9 Determinación de los puntos críticos de control (PCC)

Para cada peligro significativo detectado durante el análisis de peligros que deba ser controlado, el equipo de APPCC / HACCP identifica los puntos de control (PCs) y cuales de ellos son puntos de control críticos (PCCs).

Para identificar los puntos de críticos de control (PCCs) en el diagrama de flujo del proceso de cada producto, utilizar el árbol de decisión descrito en el Anexo.

Hay ocasiones en los que un peligro debe ser controlado en más un punto crítico de control.

Si se detectara un peligro significativo cuyo control sea preciso para la inocuidad de un producto, pero no fuera posible controlarlo, el producto o el proceso deberán modificarse en dicha fase, o en una fase anterior, para establecer una medida de control.

3.9.1 PCC y medida de control

En la identificación de un PCC, ya sea utilizando un árbol de decisión u otro enfoque, se debe tener en cuenta lo siguiente:

1. Evaluar si una medida de control puede utilizarse en la fase del proceso que se está analizando:

   - Si una medida de control no puede utilizarse en esta fase, dicha fase no debería considerarse como un PCC para el peligro significativo.

   - Si una medida de control puede utilizarse en la fase que se está analizando, pero también más adelante en el proceso, o si existe otra medida de control para el peligro en otra fase, la fase que se está analizando no debería considerarse un PCC.

2. Determinar si una medida de control en una fase se utiliza en combinación con una medida de control en otra fase para controlar el mismo peligro; de ser así, ambas fases deberían considerarse PCC.

3.10 Medidas de control.

En función del resultado obtenido en la evaluación de peligros, el equipo de APPCC / HACCP selecciona una medida de control o combinación de medidas de control apropiadas que sea capaz de prevenir o reducir estos peligros significativos identificados relacionados con la inocuidad de los productos hasta los niveles aceptables definidos.

Las medidas de control para los peligros están documentadas y registradas en el formulario correspondiente. Por ejemplo, ver formulario *FO-SGIA-001009* en el Anexo.

3.10.1   Tipos de medidas de control

Tipos de medidas de control:

a) **Programa de prerrequisito (PPR).** Medida de control genérica necesaria para mantener un ambiente higiénico apropiado y evitar la contaminación durante la fabricación del alimento. El PPR es una medida de control establecida antes de realizar el análisis de peligros.

b) **Programa de perrequisito operativo u operacional (PPRO).** Medida de control específica para una etapa concreta del proceso de fabricación de un alimento con un criterio de acción medible u observable aplicada(s) para prevenir o reducir a un nivel aceptable un peligro significativo relacionado con la inocuidad de los alimentos. El PPRO es una medida de control establecida después de realizar el análisis de peligros y una vez los PPRs han sido implementados. El fallo en un PPRO no resulta en un alimento inseguro.

c) **Medida de control aplicada en un PCC**. Medida de control específica para una etapa concreta del proceso de fabricación de un alimento con un un límite crítico medible para prevenir o reducir a un nivel aceptable un peligro significativo relacionado con la inocuidad de los alimentos. Medida de control establecida después de realizar el análisis de peligros y una vez los PPRs han sido implementados.

La medida de control en un PCC se caracterizada por:

- estar indicada para un peligro con una alta probabilidad x gravedad.

- tener una alta probabilidad x gravedad de fallo en la medida de control y una buena viabilidad para detectar y corregir esta falla.

Las medidas de control aplicadas en un PCC tienen por objeto controlar los riesgos más elevados, mientras que los PPRO pueden emplearse para controlar riesgos intermedios o cualquier peligro significativo cuando:

- no pueda fijarse un límite crítico, por ejemplo: ausencia de contaminación visible, integridad del embalaje, etc., o

- no se pueda detectar una desviación o un incumplimiento en tiempo real, por ejemplo: contaminación cruzada por alérgenos.

3.10.2 Categorización de las medidas de control

La categorización de las medidas de control puede realizarse en base a dos criterios:

a) El nivel de riesgo del peligro.

b) Las consecuencias del fallo de la medida de control y su viabilidad.

3.10.2.1 Categorización de las medidas de control según el nivel del riesgo

Para categorizar las medidas de control según su nivel de riesgo utilizar el árbol de decisión descrito en el Anexo.

3.10.2.2 Categorización de las medidas de control según las consecuencias del fallo y su viabilidad.

Para seleccionar las medidas de control en función de las consecuencias del fallo de la medida de control y su viabilidad se utiliza la siguiente tabla:

		Consecuencias del fallo Probabilidad de fallo x Gravedad		
		Bajo	**Medio**	**Alto**
Viabilidad Factibilidad de la detección y corrección del fallo	**Alto**	PPR	PPRO	PCC
	Bajo	PPR	PPRO	PPRO

3.10.3   Consecuencias del fallo de la medida de control

Las **consecuencias del fallo de la medida de control** se determina calculando:

1. La probabilidad de que falle la medida de control.

2. La gravedad de la consecuencia sobre la inocuidad del alimento en el caso de que falle la medida de control; esta evaluación debe incluir:

   - el efecto sobre los peligros significativos relacionados con la inocuidad de los alimentos identificados;

   - la ubicación en relación con otras medidas de control;

   - si está específicamente establecido y aplicado para reducir los peligros a un nivel aceptable;

   - si se trata de una medida única o es parte de una combinación de medidas de control.

Consecuencia = Probabilidad · Gravedad

Así por ejemplo, la gravedad del fallo de una medida de control puede ser baja, cuando:

- la falla tiene poco efecto sobre los peligros significativos para la inocuidad de los alimentos; y/o

- existe una medida de control posterior que reducirá el peligro a un nivel aceptable (la ubicación en relación con otras medidas de control); y/o

- la medida de control no se establece y aplica específicamente para reducir los peligros a un nivel aceptable, sino más bien para prevenir los peligros; y/o

- la medida de control forma parte de una combinación de medidas de control.

3.10.4   Viabilidad de la medida de control

La **viabilidad de la medida de control** depende de la posibilidad de

- establecer límites críticos medibles (PCC) y/o criterios de acción (PPRO) medibles/observables;

- seguimiento para detectar cualquier falla en permanecer dentro del límite crítico y/o criterios de acción medibles/observables;

- aplicar correcciones oportunas en caso de falla.

3.11 Validación de las medidas de control

El equipo de APPCC / HACCP valida que las medidas de control seleccionadas sean capaces de lograr el control previsto de los peligros significativos para la inocuidad de los alimentos.

La validación de las medias de control se realiza antes de la implementación de las medidas de control y combinaciones de medidas de control para ser incluidas en el plan de control de peligros y después de todo cambio en las mismas.

Los resultados de una validación demostrarán que una medida de control o combinación de medidas de control:

a) es capaz de controlar el peligro con el resultado previsto si se aplica debidamente y, por consiguiente, podría implementarse.

b) no es capaz de controlar el peligro con el resultado previsto y, por consiguiente, no debería implementarse. Esto último podría llevar a reevaluar la formulación del producto, los parámetros del proceso u otras decisiones o medidas adecuadas.

Cuando el resultado de la validación muestra que las medidas de control no son capaces de lograr el control previsto, el equipo de APPCC / HACCP modifica y vuelve a evaluar las medidas de control y/o las combinaciones de medidas de control.

La información obtenida en el proceso de validación es útil en el diseño de los procedimientos de vigilancia y verificación.

La validación de las medidas de control para los peligros está documentada y registrada en el formulario correspondiente. Por ejemplo, ver formulario *FO-SGIA-001010* en el Anexo.

3.11.1 Metodología de validación de las medidas de control

La validación de una medida de control se realiza utilizando uno combinación de los siguientes métodos:

1. **Validación del diseño del sistema de APPCC** (HACCP). Esta validación puede ser:

   - Validación de la medida de control basada en **referencias** de publicaciones científicas o técnicas, estudios de validación previos, o conocimientos históricos <u>sobre el funcionamiento de la medida de control</u>. Hay que asegurarse que las condiciones y productos sean comparables con las medidas a validar.

   - **Modelos matemáticos**. Los modelos matemáticos son un medio para integrar matemáticamente los datos científicos sobre cómo los factores que afectan el funcionamiento de una medida de control o combinación de medidas de control influyen en su capacidad para lograr el resultado previsto de inocuidad de los alimentos. La industria utiliza mucho los modelos matemáticos, tales como modelos de multiplicación de patógenos, para evaluar las repercusiones que tienen los cambios en el pH y la actividad acuosa sobre el control de la multiplicación del patógeno, o bien modelos del valor z para determinar condiciones alternativas de procesamiento térmico. Esto también puede incluir el uso de modelos basados en el riesgo que examinen las repercusiones de una medida de control o combinación de medidas de control en un punto posterior en la cadena alimentaria. El uso eficaz de modelos matemáticos requiere habitualmente que un modelo sea debidamente validado para una aplicación alimentaria específica. Esto podría entrañar la aplicación de pruebas adicionales. La validación basada en el uso de modelos matemáticos debería tomar en cuenta los límites de incertidumbre o variabilidad asociados con las predicciones de los modelos.

2. **Validación durante la ejecución del sistema de APPCC (HACCP) en el proceso de producción (fabricación).** Esta validación puede ser:

- Validación de la medida de control basada en **datos experimentales** científicamente válidos que demuestren la idoneidad de la medida de control. Por ejemplo, los ensayos de laboratorio ideados para imitar las condiciones del proceso, así como las pruebas en plantas piloto de aspectos específicos de un sistema de procesamiento de alimentos.

- Validación de la medida de control basada en la obtención de **datos durante condiciones normales de funcionamiento del proceso de producción** del alimento. Cuando se utiliza este enfoque se obtienen datos biológicos, químicos o físicos relacionados con los peligros en cuestión por un período específico (p. ej., un período de 3 a 6 semanas de la producción a escala real) en condiciones de funcionamiento representativas de la operación alimentaria en su totalidad, incluidos los momentos en los que se aumenta la producción, tales como los períodos festivos. Por ejemplo, cuando el sistema de control de inocuidad de los alimentos dependa del uso de las buenas prácticas veterinarias o agrícolas en el campo o de las buenas prácticas de higiene en el establecimiento de elaboración, podría ser necesario validar estas medidas por medio del muestreo y la aplicación de pruebas al producto intermedio o terminado y/o al entorno de la elaboración. El muestreo debería basarse en el uso de técnicas de muestreo, planes de muestreo y metodologías de ensayo adecuadas. Los datos recogidos deberían ser suficientes para los análisis estadísticos requeridos.

3.11.2   Frecuencia de la validación de las medidas de control

Se realiza una validación inicial y validaciones posteriores cuando se considere necesario como:

- Al detectar un error en el APPCC / HACCP.

- Al identificar nuevos peligros.

- Al producirse cambios de productos o procesos.

- Al producirse cambios en los equipos.

- En general, después de cualquier cambio en el Plan de APPCC.

3.12 Plan de control de peligros

El equipo de APPCC / HACCP establece, implementa, actualiza y documenta el Plan de control de peligros.

Se define el alcance de cada plan de control de peligros, incluidos los productos y los procesos que abarca.

El plan de control de peligros incluye para cada medida de control en cada PCC o PPRO la siguiente información:

a) peligros relacionados con la inocuidad de los alimentos a ser controlados en el PCC o por el PPRO;

b) límites críticos en el PCC o criterios de acción para el PPRO;

c) procedimientos de seguimiento, vigilancia, monitorización de las medidas de control;

d) correcciones a tomar, si no se cumplen los límites críticos o los criterios de acción;

e) responsabilidades y autoridades;

f) registros de seguimiento.

El plan de control de peligros se documenta y registra en el formulario correspondiente. Por ejemplo, ver formulario *FO-SGIA-001011* en el Anexo.

Después del establecimiento del plan de control de peligros, el equipo de APPCC / HACCP actualiza la siguiente información, si es necesario:

a) las características de las materias primas, los ingredientes y los materiales que entran en contacto con el producto;

b) las características de los productos terminados;

c) el uso previsto;

d) los diagramas de flujo y descripciones de los procesos y su entorno.

3.12.1 Límites críticos para un PCC

Para cada PCC se establecen los límites críticos apropiados a fin de determinar claramente si el proceso está bajo control o no.

Los límites críticos en los PCC son medibles y la conformidad con los límites críticos establecidos asegura que no se excede el nivel aceptable de peligro.

En algunos casos, es posible que en una etapa determinada de un proceso exista más de un parámetro para el que se fijan límites críticos (por ejemplo, los tratamientos térmicos suelen incluir límites críticos tanto de tiempo como de temperatura).

Una desviación con respecto a un límite crítico indica que es probable que se hayan producido productos no inocuos.

3.12.2 Criterios de acción para un PPRO

Para cada PPRO se establecen los criterios de acción apropiados a fin de determinar claramente si el proceso está bajo control o no.

Los criterios de acción para los PPRO son medibles u observables y la conformidad con los criterios de acción contribuye a la garantía de que no se excede el nivel aceptable de peligro.

3.12.3 Seguimiento de la medida de control

El equipo de APPCC / HACCP establece en cada:

- PCC un sistema de seguimiento para cada medida de control o combinación de medidas de control para detectar toda falla en permanecer dentro de los límites críticos. El sistema de seguimiento incluye todas las mediciones programadas relacionadas con los límites críticos.

- PPRO un sistema de seguimiento para la medida de control o combinación de medidas de control para detectar el incumplimiento del criterio de acción.

El sistema de seguimiento, en cada PCC y para cada PPRO, contiene la siguiente información:

- a) las mediciones u observaciones que proporcionen resultados dentro de un período de tiempo adecuado;

- b) los métodos de seguimiento o dispositivos utilizados;

- c) los métodos de calibración aplicables o, para los PPRO, los métodos equivalentes para la verificación de las mediciones u observaciones confiables;

- d) la frecuencia del seguimiento;

- e) los resultados del seguimiento;

- f) la responsabilidad y autoridad relacionadas con el seguimiento;

g) la responsabilidad y autoridad relacionadas con la evaluación de los resultados del seguimiento.

3.12.4 Correcciones y acciones correctivas

El equipo de APPCC / HACCP especifica con antelación las correcciones y las acciones correctivas que hay que tomar cuando no se cumplen los límites críticos o el criterio de acción y se asegura que:

a) los productos potencialmente no inocuos no sean liberados;

b) se identifica la causa de la no conformidad;

c) los parámetros controlados en el PCC o por el PPRO, vuelven a estar dentro de los límites críticos o los criterios de acción;

d) se previene la recurrencia.

3.12.4.1 Corrección

Corrección. Acción para eliminar una no conformidad detectada. ISO 22000:2018.

Una corrección puede ser, por ejemplo, reprocesado, procesado posterior, y/o eliminación de las consecuencias adversas de la no conformidad.

Una corrección incluye la manipulación de productos potencialmente no inocuos, y por lo tanto puede efectuarse conjuntamente con una acción correctiva.

3.12.4.2 Acción correctiva

Acción correctiva. Acción para eliminar la causa de una no conformidad y para prevenir la recurrencia. ISO 22000:2018.

La acción correctiva incluye el análisis de las causas de la no conformidad.

Puede haber más de una causa para una no conformidad.

3.13 Control del seguimiento y la medición

El equipo de APPCC / HACCP proporciona evidencia de que los métodos y los equipos de seguimiento y medición especificados son adecuados para las actividades de seguimiento y la medición relacionados con los PPR y el plan de control de peligros.

Los equipos de seguimiento y medición utilizados deben:

a) calibrarse o verificarse a intervalos especificados antes de su utilización;

b) ajustarse o reajustarse cuando sea necesario;

c) identificarse para determinar su estado de calibración;

d) protegerse contra ajustes que pudieran invalidar el resultado de la medición;

e) protegerse contra los daños y el deterioro.

La calibración del equipo utilizado en el seguimiento y medición necesarios para el control de peligros para la inocuidad de alimentos se realiza de acuerdo a lo descrito en el procedimiento: *PNT-SIG-010 Calibración de equipos*.

3.14 Verificación de los PPRs y del plan de control de peligros

El equipo de APPCC / HACCP establece, implementa, mantiene y actualiza las actividades de verificación de los PPRs y el plan de control de peligros.

Las actividades de verificación confirman que:

a) los PPR se han implementado y son eficaces;

b) el plan de control de peligros se implementa y es eficaz;

c) los niveles de los peligros están dentro de los niveles aceptables identificados;

d) los elementos de entrada para el análisis de peligros estén actualizados;

e) otras acciones determinadas por la organización estén implementadas y son eficaces.

La verificación de los PPRs y del plan de control de peligros se documenta y registra en el formulario correspondiente. Por ejemplo, ver formulario *FO-SGIA-001012* en el Anexo.

El equipo de APPCC / HACCP asegura que las actividades de verificación no son llevadas a cabo por la persona responsable del seguimiento de las mismas actividades.

3.15 Revisión y actualización de los PPRs y del plan de control de peligros

El equipo de APPCC / HACCP revisa los PPRs y el plan de control de peligros anualmente y cada vez que se produzca un cambio significativo que afecta la inocuidad de los productos.

La revisión de los PPRs y del plan de control de peligros se documenta y registra en el formulario correspondiente. Por ejemplo, ver formulario *FO-SGIA-001013* en el Anexo.

Los cambios pertinentes que surjan de la revisión deberán incorporarse en los PPRs y en el plan de control de peligros.

Los cambios se documentan en su totalidad y se registra su validación.

3.16 Documentación del APPCC / HACCP

Todas las actividades relacionadas con el desarrollo, implementación revisión y actualización del APPCC / HACCP estan documentadas y registradas en los formularios correspondientes.

4   Plan HARPC

4.1 Plan de seguridad alimentaria

Plan de seguridad alimentaria (Food safety plan). Conjunto de documentos escritos, basados en los principios de inocuidad / seguridad alimentaria, que incluye análisis de peligros, controles preventivos y delinea la monitorización, las acciones correctivas, y los procedimientos de verificación que deben seguirse, incluido un plan de retirada de producto del mercado.

La finalidad del plan de seguridad alimentaria es garantizar la inocuidad de los alimentos durante su elaboración, procesamiento, envasado y almacenamiento.

Guía APPCC/HACCP y HARPC

Para cumplir con los requisitos del plan de seguridad alimentaria o plan HARPC establecidos por la FDA cada organización del sector alimentario debe cumplir los siguientes requisitos:

1. Identificar y analizar los peligros.

    La FDA considera peligro para la seguridad alimentaria para referirse a las condiciones o contaminantes (biológicos, físicos y químicos) en los alimentos que pueden causar enfermedades o lesiones a las personas. Estos incluyen peligros que ocurren naturalmente, que se agregan involuntariamente o que pueden agregarse intencionalmente a un alimento con distintos fines.

    Los peligros considerados son: biológicos, físicos, químicos (incluyendo los alérgenos y los asociados a la radioactividad).

2. Desarrollar e implementar controles preventivos para los peligros basados en el riesgo. Los controles preventivos deben incluir:

    *   Normas de higiene y correcta fabricación (GMPs).

    *   Control de los procesos de elaboración y manipulación de los alimentos.

    *   Control de alérgenos.

    *   Limpieza y desinfección de equipo, utensilios y superficies.

    *   Control de los provedores (cadena de suministro).

    *   Procedimiento para la retirada del producto alimentario del mercado.

- Procedimiento de defensa alimentaria.

3. Monitoreo, seguimiento o vigilancia. Comprobar la efectividad de los controles preventivos.

4. Establecer acciones correctoras.

5. Verificar la implementación del HARPC.

6. Documentar el plan de seguridad alimentaria o plan HARPC

7. Revisar el plan de seguridad alimentaria o plan HARPC.

4.2 Plan HARPC

El desarrollo e implementación del plan HARPC en una organización requiere la realización de los siguientes pasos:

1. Creación del equipo de HARPC.

2. Establecimiento de los programas de prerrequisitos (PPRs).

3. Descripción de las materias primas, ingredientes y materiales en contacto con el alimento.

4. Descripción y uso previsto del alimento.

5. Diagramas de flujo de los procesos de producción.

6. Descripción de los procesos de producción y su entorno.

7. Análisis de peligros.

8. Determinación de los puntos críticos de control (PCC).

9. Controles preventivos.

10. Monitoreo, seguimiento y vigilancia.

11. Corrección y acción correctiva.

12. Verificación.

13. Validación.

14. Documentación del plan HARPC.

15. Revisión y actualización.

El desarrollo y la implementación del plan HARPC sólo puede realizarse por o bajo la supervisión de una persona cualificada.

El plan HARPC debe estar firmado y fechado por el propietario, operador o agente a cargo de la organización cuando se completa por primera vez y cada vez que se modifica el plan.

4.3 Plan APPCC / HACCP vs plan HARPC

El HARPC está fundamentado en el APPCC / HACCP y se diferencia del mismo fundamentalmente porque:

1. El HARPC debe ser desarrollado e implementado por una persona cualificada para ello.

2. En el análisis de peligros considera los peligros relacionados con:

    - El proceso de elaboración y manipulación del alimento, como ocurre en el APPCC / HACCP.

    - La presencia de alérgenos en el alimento.

    - La limpieza y desinfección (saneamiento).

    - La cadena de suministro.

    - La adulteración alimentaria por bioterrorismo.

- El fraude alimentario motivado económicamente.

3. Se establece el requisito del desarrollo e implementación de controles preventivos para los peligros basados en el riesgo. Los controles preventivos deben incluir:

   - Normas de higiene y correcta fabricación (GMPs).

   - Control de los procesos de elaboración y manipulación de los alimentos.

   - Control de alérgenos.

   - Limpieza y desinfección de equipo, utensilios y superficies.

   - Control de los provedores (cadena de suministro).

   - Procedimiento para la retirada del producto alimentario del mercado.

   - Procedimiento de defensa alimentaria.

4. Ante la desviación en un parámetro de control asociado a un control preventivo, a veces una corrección está más indicada que una acción correctiva.

El plan APPCC / HACCP está enfocado a la identificación y el control de los peligros que se originan en los procesos de elaboración y manipulación de alimentos.

El plan HARPC además de considerar los peligros relacionados con los procesos de elaboración y manipulación de alimentos considera otros peligros, como el fraude y la dulteración alimentaria, que puedan afectar la inocuidad / seguridad del alimento,

4.4 Persona cualificada

Una persona cualificada o preventive controls qualified individual (PCQI) es una persona con la educación, capacitación o experiencia (o una combinación de estas) para desarrollar y aplicar un sistema de seguridad alimentaria.

Una persona cualificada puede calificarse a través de la experiencia laboral o completando una capacitación equivalente al plan de estudios estandarizado reconocido como adecuado por la FDA (por ejemplo, la capacitación de la Alianza de Controles Preventivos de Seguridad Alimentaria (FSPCA)).

La persona cualificada no necesita ser un empleado de la organización.

4.5 Equipo de HARPC

EQUIPO DE HARPC

El equipo de HARPC es un equipo multidisciplinario de inocuidad alimentaria constituido por los responsables de aseguramiento de la calidad, gerencia técnica, operaciones de producción y otras funciones relevantes (p. ej., ingeniería, higiene).

Los miembros del equipo de HARPC deberán tener conocimientos específicos de HACCP y conocimientos relativos a productos, procesos y peligros asociados.

El equipo de AHARPC es responsable de desarrollar, implementar, monitorizar, evaluar y mantener actualizado el HARPC de la organización.

LÍDER DEL EQUIPO DE HARPC

Entre los miembros del APPCC / HACCP se elegirá un líder que gestionará al equipo.

El líder del equipo de HARPC deberá tener amplios conocimientos sobre los principios de APPCC / HACCP del Codex (o equivalentes) y ser capaz de demostrar su competencia, experiencia y capacitación.

Los integrantes del equipo de HARPC estan documentados y registrados en el formulario correspondiente. Por ejemplo, ver formulario *FO-SGIA-001001* en el Anexo.

4.6 Programas de prerrequisitos

Los **programas de prerrequisitos** (PPRs) establecen las condiciones y actividades básicas necesarias para mantener a lo largo de toda la cadena alimentaria un <u>ambiente higiénico apropiado</u> para la producción, manipulación y provisión de productos finales inocuos y alimentos inocuos para el consumo humano.

Los PPRs controlan los <u>peligros genéricos</u> existentes a lo largo de la cadena alimentaria.

Se consideran PPRs los siguientes: Buenas Prácticas Agrícolas (BPA), Buenas Prácticas Veterinarias (BPV), Buenas Prácticas de Fabricación/Manufactura (BPF, BPM), Buenas Prácticas de Higiene (BPH), Buenas Prácticas de Producción (BPP), Buenas Prácticas de Distribución (BPD), y Buenas Prácticas de Comercialización (BPC).

Los PPRs necesarios en una organización determinada dependen del segmento de la cadena alimentaria en el que opera dicha organización.

EJEMPLO

Ejemplos de PPRs:

- Infraestructura.

- Control de la calidad del agua.

- Control de materias primas y proveedores.

- Control de plagas.

- Formación de los manipuladores de alimentos.

- Plan de gestión de residuos.

- Limpieza y desinfección.

- Mantenimiento de instalaciones y equipos.

- Mantenimiento de la cadena de frío.

- Trazabilidad.

Los PPRs desarrollados e implementados en la organización están documentados y registrados en el formulario correspondiente. Por ejemplo, ver formulario *FO-SGIA-001002* en el Anexo.

4.7 Descripción de las materias primas, ingredientes y materiales en contacto con el alimento

El equipo de HARPC identifica todos los requisitos legales y reglamentarios de inocuidad de los alimentos aplicables a todas las materias primas, ingredientes y materiales en contacto con el alimento.

El equipo de HARPC mantiene la siguiente información documentada referente a las materias primas, los ingredientes y los materiales en contacto con el alimento:

a) las características biológicas, químicas y físicas;

b) la composición de los ingredientes formulados, incluyendo los aditivos y coadyuvantes del proceso;

c) el origen (por ejemplo, animal, mineral o vegetal);

d) el lugar de origen (procedencia);

e) el método de producción;

f) los métodos de envasado, embalaje y liberación;

g) las condiciones de almacenamiento y la vida útil;

h) la preparación y/o el tratamiento previo a su uso o procesamiento;

i) los criterios de aceptación relacionados con la inocuidad de los alimentos o las especificaciones de los materiales e ingredientes comprados, apropiados para su uso previsto.

Las especificaciones de las materias primas están documentadas y registradas en el formulario correspondiente. Por ejemplo, ver formulario *FO-SGIA-001003* en el Anexo.

4.8 Descripción y uso previsto del alimento

4.8.1 Descripción del alimento

El equipo de HARPC identifica todos los requisitos legales y reglamentarios de inocuidad de los alimentos aplicables a todos los productos terminados.

El equipo de HARPC mantiene la información documentada sobre las características de los productos terminados en el grado que sea necesario para realizar el análisis de peligros, incluyendo la información que sigue, según sea apropiado:

a) el nombre del producto o identificación similar;

b) la composición;

c) las características biológicas, químicas y físicas pertinentes para la inocuidad de los alimentos;

d) la vida útil prevista y las condiciones de almacenamiento;

e) el envase y embalaje;

f) el etiquetado en relación con la inocuidad de los alimentos y/o instrucciones para su manipulación, preparación y uso previsto;

g) los métodos de distribución y entrega.

4.8.2 Uso previsto del alimento

El equipo de HARPC describe el uso previsto de cada producto, en relación con el uso esperado del mismo por parte del consumidor final, tomando en consideración a los grupos de consumidores vulnerables.

El uso previsto, incluyendo la manipulación razonablemente esperada del producto terminado y todo uso no previsto pero razonablemente esperado, mal manejo y uso incorrecto del producto terminado, deben ser considerados y se deben mantener como información documentada en la medida que sea necesaria para realizar el análisis de peligros.

La descripción de los productos y sus usos previstos están documentados y registrados en el formulario correspondiente. Por ejemplo, ver formulario *FO-SGIA-001004* en el Anexo.

4.9 Diagramas de flujo de los procesos de producción

4.9.1 Elaboración de los diagramas de flujo

El equipo de HARPC elabora un diagrama de flujo para cada producto, grupo de productos y proceso de fabricación de cada producto elaborado por la organización así como los elaborados por terceros subcontratados.

El diagrama de flujo incluirá todas las etapas del proceso de fabricación, desde la recepción de materias primas hasta el procesado, almacenamiento y distribución.

El diagrama de flujo incluye, según sea apropiado, lo siguiente:

a) la secuencia e interacción de las etapas en la operación;

b) todo proceso contratado externamente;

c) dónde se incorporan al flujo las materias primas, los ingredientes, coadyuvantes de elaboración, materiales de embalaje, servicios y los productos intermedios;

d) dónde se reprocesa y se hace el reciclado;

e) dónde se liberan o eliminan los productos terminados, los productos intermedios, los subproductos y los desechos.

Cada etapa del proceso de fabricación del alimento está identificada y codificada.

El diagrama de flujo del proceso de fabricación será claro, preciso y suficientemente detallado en la medida necesaria para realizar el análisis de peligros.

Los diagramas de flujo del proceso de fabricación se utiliza durante el análisis de peligros para evaluar la posible presencia, incremento, disminución o introducción de peligros relacionados con la inocuidad de los alimentos.

Los diagramas de flujo de los procesos de producción documentados y registrados en el formulario correspondiente. Por ejemplo, ver formulario *FO-SGIA-001005* en el Anexo.

4.9.2 Verificación de los diagramas de flujo

El equipo de HARPC verifica *in situ* la precisión de los diagramas de flujo del proceso de fabricación, lo actualiza cuando corresponda.

4.10 Descripción de los procesos de producción y su entorno

El equipo de HARPC describe los procesos de producción y su entorno, indicando:

a) la distribución de las instalaciones, incluidas las áreas de manipulación de alimentos y otras;

b) el equipo de procesamiento y materiales de contacto, coadyuvantes de procesamiento y flujo de materiales;

c) los PPR existentes, los parámetros del proceso, las medidas de control (si las hay) y/o la rigurosidad con que se aplican, o los procedimientos que pueden influir en la inocuidad de los alimentos;

d) los requisitos externos (por ejemplo, de autoridades legales o reglamentarias o clientes) que pueden afectar la elección y la rigurosidad de las medidas de control.

Las descripciones de los procesos productivos (fabricación) y sus entornos se actualizan cuando se produzcan cambios en los mismos.

Las descripciones de los procesos de producción y su entorno están documentados y registrados en el formulario correspondiente. Por ejemplo, ver formulario *FO-SGIA-001006* en el Anexo.

4.11 Análisis de peligros

4.11.1   Finalidad

El equipo de HARPC realiza un análisis de peligros para determinar cuáles son los peligros potenciales que necesitan ser controlados para asegurar la inocuidad de los productos.

El análisis de peligros se realiza para determinar qué peligros potenciales para la inocuidad de los productos hay que prevenir, eliminar o reducir hasta niveles aceptables.

4.11.2   Etapas en el análisis de peligros

El análisis de peligros se lleva a cabo en dos etapas:

1. Identificación de peligros potenciales y determinación de sus niveles aceptables.

2. Evaluación de los peligros.

4.11.3   Tipos de peligros

Los peligros que se pueden originar durante la fabricación y/o al comercialización de un producto y comprometer su inocuidad se clasifican según su naturaleza en: físicos, químicos, biológicos y alérgenos.

Peligros físicos son los asociados a la incorporación de materias extrañas en el producto que pueden causar daños cuando se consumen. Por ejemplo, fragmentos de metales, vidrios, piedras, insectos, objetos de los manipuladores, etc.

Peligros químicos son los asociados a la incorporación, la formación o la persistencia en el producto de sustancias químicas nocivas (alérgenos, material radiactivo, metales, toxinas) procedentes de las materias primas, contaminante ambientales o contaminantes (restos de detergentes, restos de lubricantes, etc) procedentes del procesamiento del alimento.

Peligros biológicos son los asociados a la presencia, la incorporación, la supervivencia o la proliferación en el producto de bacterias patógenas, virus, algas, parásitos y hongos (mohos y levaduras).

4.11.4   Identificación de peligros

4.11.4.1   Tipos de peligros potenciales

Los peligros potenciales para la inocuidad de los productos pueden clasificarse en los siguientes grupos:

a) **Peligros potenciales relacionados con el producto o las materias primas**. Estos peligros son intrínsecos al producto y se generan antes de la elaboración del producto.

b) **Peligros potenciales relacionados con la elaboración del producto o peligros relacionados con el proceso productivo**. Estos peligros no son intrínsecos al producto y se generan durante su elaboración en el proceso productivo.

4.11.4.2   Fuentes de información

La identificación de los peligros potenciales para la inocuidad de los alimentos puede realizarse en base a:

a) la información preliminar y los datos recopilados sobre:

- Los requisitos legales, reglamentarios y de los clientes aplicables.

- Las características de las materias primas, ingredientes y materiales en contacto con el producto.

- Las características de los productos terminados.

- El uso previsto.

- Diagramas de flujo.

- Descripción de los procesos y su entorno.

b) la experiencia;

c) la información interna y externa que incluya, en la medida de lo posible, los datos epidemiológicos, científicos y otros antecedentes históricos; y

d) la información de la cadena alimentaria sobre los peligros para la inocuidad de los alimentos relacionados con la inocuidad de los productos terminados, los productos intermedios y los alimentos en el momento del consumo;

e) los requisitos legales, reglamentarios y de los clientes.

4.11.4.3 Identificación de los peligros potenciales

El equipo de HARPC identifica y documenta todos los peligros potenciales relacionados con la inocuidad de los productos razonablemente previsibles en relación con el tipo de producto, el tipo de proceso y su entorno.

Cuando se identifican los peligros, el equipo de HARPC tiene en consideración:

a) las etapas precedentes y siguientes en la cadena alimentaria;

b) todas las etapas en el diagrama de flujo;

c) los equipos del proceso, instalaciones/servicios, entorno del proceso y las personas.

El equipo de HARPC indica las etapas (por ejemplo, la recepción de las materias primas, procesamiento, distribución y entrega) en las cuales se puede presentar, introducir, aumentar o mantener cada peligro potencial relacionado con la inocuidad de los alimentos.

En la identificación de los peligros potenciales hay que tener en cuenta los siguiente:

a) Materias primas o ingredientes del alimento.

b) Factores intrínsecos del alimento como su composición.

c) Procesos de producción (elaboración y manipulación) del alimento.

d) Carga microbiológica del alimento.

e) Diseño de las instalaciones en las que se elabora y manipula el alimento.

f) Diseño de los equipos y utensilios donde se elabora y manipula el alimento.

g) Actividades realizadas durante la elaboración y manipulación del alimento.

h) Envasado y empaquetado del aliento.

i) Estado de salud, higiene y formación de los manipuladores del alimento.

j) Almacenamiento del alimento desde su envasado / empaquetado hasta que llega al consumidor final.

k) Transporte del alimento desde el punto de elaboración hasta que llega al consumidor final.

l) Uso previsto y consumidor al qu está destinado el alimento.

4.11.4.4   Nivel aceptable de un peligro

Siempre que sea posible, el equipo de HARPC determina para cada peligro potencial, relacionado con la inocuidad de los productos, su nivel aceptable en el producto terminado.

Al determinar los niveles aceptables, el equipo de HARPC debe:

a) asegurar que se identifiquen los requisitos legales, reglamentarios y de los clientes, que sean aplicables;

b) considerar el uso previsto de los productos terminados;

c) considerar toda otra información pertinente.

El equipo de HARPC mantiene información documentada sobre la determinación de los niveles aceptables y la justificación de los niveles aceptables de los peligros potenciales.

Los peligros identificados en cada proceso de producción y su nivel aceptable están documentados y registrados en el formulario correspondiente. Por ejemplo, ver formulario *FO-SGIA-001007* en el Anexo.

4.11.5   Evaluación de peligros

Para cada peligro potencial relacionado con la inocuidad de los productos identificado, el equipo de HARPC realiza una evaluación de peligros, para determinar si su prevención o reducción a niveles aceptables es esencial.

El nivel de riesgo se define en cada fase del proceso de elaboración del alimento según la **gravedad** o el efecto del peligro en relación con la **probabilidad** de que el peligro aparezca, a fin de determinar si es significativo o no y, por tanto, si es necesaria una medida de control en esta fase o en una fase posterior.

4.11.5.1   Probabilidad

P = probabilidad = la probabilidad de que aparezca el peligro en una fase determinada del proceso (materia prima, producto final o de otro tipo, etc.), teniendo en cuenta las medidas preventivas (PPR / BPH) y de control correctamente aplicadas en fases anteriores del proceso.

Valores de la probabilidad:

- Muy baja (1)

  - Posibilidad teórica: el peligro no ha ocurrido nunca antes.

  - La medida de control o el peligro son de tal naturaleza que, cuando la medida de control no funciona, la producción no es posible o bien los productos finales son inservibles (p. ej., concentración demasiado alta de colorantes como aditivos).

- ○ Se trata de una contaminación muy limitada o local.

- Baja (2)

  - ○ Las medidas de control del peligro son de naturaleza general (BPH) y se aplican correctamente en la práctica.

- Media (3)

  - ○ El fracaso o la ausencia de la medida de control (específica) no da lugar a la presencia sistemática de peligros en esa fase, pero el peligro puede aparecer en un determinado porcentaje del producto en el lote correspondiente.

- Elevada (4)

  - ○ El fracaso o la ausencia de la medida de control (específica) dará lugar a un error sistemático; existe una alta probabilidad de que el peligro aparezca en esta fase.

4.11.5.2   Gravedad

G = gravedad = el efecto o la gravedad del peligro en relación con la salud humana

Valores de la gravedad:

- Limitada (1)

  - ○ No existe ningún problema para el consumidor relacionado con la seguridad alimentaria (tipo de peligro, p. ej., papel, plástico blando, materiales extraños de gran tamaño).

- El peligro nunca puede alcanzar concentraciones peligrosas (p. ej., colorantes, S. aureus en un producto alimenticio congelado en que su multiplicación hasta recuentos altos es muy improbable o no puede producirse debido a las condiciones de almacenamiento y a la cocción).

- Moderada (2)

  - No se producen lesiones ni síntomas graves, o solamente se producen a causa de una exposición a una concentración extremadamente elevada durante un período de tiempo largo.

  - Un efecto temporal pero claro sobre la salud (p. ej., piezas pequeñas).

- Elevada (3)

  - Un efecto claro sobre la salud con síntomas a corto o largo plazo que rara vez provocan la muerte (p. ej., gastroenteritis o peligros microbiológicos como *Campylobacter* o *Bacillus cereus*).

  - El peligro tiene un efecto a largo plazo; la dosis máxima no se conoce (p. ej., residuos de plaguicidas, etc.).

- Muy elevada (4)

  - El grupo de consumidores pertenece a una categoría de riesgo y el peligro puede provocar la muerte.

- ○ El peligro provoca síntomas graves que pueden provocar la muerte, incluso a largo plazo (p. ej., Salmonella, Listeria monocytogenes, dioxinas, aflatoxinas, etc.).

- ○ Lesiones permanentes.

4.11.5.3   Nivel de riesgo

El riesgo (R) puede definirse como el número de incidentes esperados (probabilidad) en relación con el perjuicio que cabe esperar (gravedad) por incidente.

$$R = P \cdot G$$

El nivel de riesgo se determina en una escala del 1 al 7.

Valores para el nivel de riesgo:

- • **Niveles de riesgo 1 y 2**. Peligro con riesgo bajo. No existen acciones específicas, control del peligro con las PPR / BPH.

- • **Niveles de riesgo 3 y 4**. Peligro con riesgo medio. Posibles PPRO. Pregunta adicional a la que debe responder el equipo de APPCC: ¿son las medidas preventivas generales descritas en las PPR / BPH suficientes para controlar el peligro detectado?

  - ○ En caso AFIRMATIVO: PPR / BPH

  - ○ En caso NEGATIVO: PPRO

- • **Niveles de riesgo 5, 6 y 7**. Peligro con riesgo alto. Estudiar la determinación de PCC.

A la hora de adoptar una decisión definitiva sobre un PPC o PPRO en una determinada fase, debe tenerse en cuenta:

- la presencia de un paso siguiente que elimine el riesgo o reduzca su posibilidad de aparición a un nivel aceptable.

- la gravedad y la probabilidad de la desviación y la capacidad para detectar desviaciones.

			GRAVEDAD			
			Limitada	Moderada	Elevada	Muy elevada
			1	2	3	4
PROBABILIDAD	Muy baja	1	1	2	3	4
	Baja	2	2	3	4	5
	Media	3	3	4	5	6
	Elevada	4	4	5	6	7

Evaluación de los peligros alimentarios identificados:

- Peligro de riesgo bajo.

- Peligro de riesgo medio.

- Peligro de riesgo alto.

La evaluación de los peligros identificados en cada proceso de producción está documentada y registrada en el formulario correspondiente. Por ejemplo, ver formulario *FO-SGIA-001008* en el Anexo.

4.12 Determinación de los puntos críticos de control (PCC)

Para cada peligro significativo detectado durante el análisis de peligros que deba ser controlado, el equipo de HARPC identifica los puntos de control (PCs) y cuales de ellos son puntos de control críticos (PCCs).

Para identificar los puntos de críticos de control (PCCs) en el diagrama de flujo del proceso de cada producto, utilizar el árbol de decisión descrito en el Anexo.

Hay ocasiones en los que un peligro debe ser controlado en más un punto crítico de control.

Si se detectara un peligro significativo cuyo control sea preciso para la inocuidad de un producto, pero no fuera posible controlarlo, el producto o el proceso deberán modificarse en dicha fase, o en una fase anterior, para establecer una medida de control.

PCC Y CONTROL PREVENTIVO

En la identificación de un PCC, ya sea utilizando un árbol de decisión u otro enfoque, se debe tener en cuenta lo siguiente:

3. Evaluar si un control preventivo puede utilizarse en la fase del proceso que se está analizando:

- Si un control preventivo no puede utilizarse en esta fase, dicha fase no debería considerarse como un PCC para el peligro significativo.

- Si un control preventivo puede utilizarse en la fase que se está analizando, pero también más adelante en el proceso, o si existe otra medida de control para el peligro en otra fase, la fase que se está analizando no debería considerarse un PCC.

4. Determinar si un control preventivo en una fase se utiliza en combinación con un control preventivo en otra fase para controlar el mismo peligro; de ser así, ambas fases deberían considerarse PCC.

4.13 Controles preventivos

Control preventivo es todo procedimiento, práctica y proceso razonablemente apropiado basado en el riesgo empleado minimizar o prevenir significativamente los peligros identificados en el análisis de peligros que son consistentes con la comprensión científica actual de la fabricación, procesamiento, envasado o almacenamiento seguro de alimentos en el momento del análisis.

146

En función del resultado obtenido en la evaluación de peligros, el equipo de HARPC selecciona un control preventivo o combinación de controles preventivos apropiados que sea capaz de prevenir o reducir los peligros significativos identificados relacionados con la inocuidad de los productos hasta los niveles aceptables definidos.

Se establecen controles preventivos para:

1. La cadena de suministro.

2. La presencia de alérgenos en el alimento.

3. La limpieza y desinfección (saneamiento).

4. El proceso de elaboración y manipulación del alimento.

Los controles preventivos para los peligros están documentados y registrados en el formulario correspondiente. Por ejemplo, ver formulario *FO-SGIA-001014* en el Anexo.

4.13.1   Requisitos de los controles preventivos

Al implementar un control preventivo hay que tener en cuenta:

- El efecto del control preventivo sobre los peligros potenciales identificados para la inocuidad de los alimentos.

Por ejemplo:

- ¿El control preventivo minimiza o previene significativamente los posibles peligros para la inocuidad de los alimentos identificados?

- ¿El control preventivo es específico del peligro o controla más de un peligro?

- ¿La efectividad del control preventivo depende de otros controles?

- ¿Se puede validar y verificar el control preventivo?)

- La viabilidad de la monitorización (seguimiento) del control preventivo.

  Por ejemplo:

  - ¿Son medibles y prácticos los límites críticos (valores mínimos o máximos) y, si corresponde, los límites operativos, para el control preventivo?

  - ¿Puede obtener los resultados de la monitorización rápidamente (es decir, en tiempo real) para determinar si el proceso está bajo control?

  - ¿Está monitorizando un proceso por lotes o continuo?

  - ¿Está monitorizando continuamente o haciendo controles aleatorios?

  - ¿Se pueden monitorizar los parámetros en línea o se debe muestrear el producto?

- ¿Los parámetros monitorizados estarán indirectamente vinculados al límite crítico (es decir, la velocidad de la correa o el caudal de la bomba durante el tiempo de proceso)?

- ¿Quién realizará el seguimiento o las comprobaciones y cuáles son las cualificaciones requeridas?

- ¿Cómo se va a verificar la monitorización?)

- Donde se aplica el control preventivo con respecto a otras medidas de control de procesamiento.

  Por ejemplo:

  - ¿Es la aplicación de la medida de control en el último punto del proceso para garantizar el control del peligro potencial para la inocuidad de los alimentos objetivo?

  - ¿La falla de un control aguas arriba resultará en una falla de los controles aguas abajo (es decir, la falla de acidificación afectará la eficacia del proceso térmico para un alimento acidificado)?

  - ¿Son apropiadas las actividades de monitoreo para garantizar el control en este paso?)

- Las acciones correctivas que serán necesarias en caso de una falla de una medida de control o una variabilidad significativa del procesamiento.

  Por ejemplo:

  - ¿Se puede volver a controlar rápidamente el control del proceso y los parámetros críticos?

- ¿Cómo determinará si la medida de control está nuevamente bajo control?

- ¿Se puede identificar el producto implicado y evaluar su seguridad?

- ¿Se puede identificar y corregir la causa de la pérdida de control?

- ¿Qué acciones serían necesarias para reducir la probabilidad de que la falla se repita? ¿Se puede reprocesar el producto?

- ¿Qué acciones serían necesarias para evitar que un producto inseguro ingrese al comercio (por ejemplo,¿se puede desviar el producto a alimentos para animales o es necesario destruir el producto)?)

- La gravedad de las consecuencias en caso de fallo de una medida de control.

  Por ejemplo:

  - ¿Es razonablemente probable que se produzcan alimentos inseguros como resultado del fracaso de la medida de control?

  - ¿Es razonablemente probable que el peligro que podría ocurrir cause graves consecuencias adversas para la salud o la muerte?)

- Si la medida de control se aplica para eliminar o reducir significativamente el nivel del peligro.

  Por ejemplo:¿La medida de control eliminará el peligro, o la medida de control solo puede minimizar el peligro?)

- Efectos sinérgicos entre las medidas de control.(p. ej., considerar si una medida de control puede mejorar la eficacia de otra medida de control. Por ejemplo, los controles del proceso de formulación pueden combinar el uso de conservantes, acidificación y actividad del agua a niveles que individualmente no controlarán el crecimiento de patógenos, pero trabajan juntos para hacerlo).

4.14 Monitoreo, seguimiento o vigilancia

El objetivo del monitoreo, seguimiento o vigilancia es comprobar la efectividad de los controles preventivos. Por tanto, hay que asegurar que se llevaron a cabo los controles preventivos establecidos

En el monitoreo, seguimiento o vigilancia hay que indicar: el qué, el cómo, con qué frecuencia y por quíen.

Las actividades de monitoreo, seguimiento y vigilancia están documentadas y registradas en el formulario correspondiente. Por ejemplo, ver formulario *FO-SGIA-001015* en el Anexo.

4.15 Correcciones y acciones correctivas

Las desviaciones observadas durante el monitoreo, seguimiento y vigilancia se corrigen a través de correcciones y acciones correctivas.

Corrección es una acción tomada para corregir una desviación menor y aislada de un alérgeno, saneamiento o control preventivo de la cadena de suministro cuando es probable que el problema no resulte en la distribución de alimentos no conformes que ingresen al mercado.

Acción correctiva es una acción tomada cuando se pierde el control en un PCC y se produce una desviación en el proceso de elaboración y manipulación de un alimento.

La acción correctiva incluye las siguientes acciones:

- Identificación y aislamiento (puesta en cuarentena) del alimento no conforme.

- Puesta en marcha de las acciones necesarias para recobrar el control en el PCC.

- Tomar una decisión (destrucción, reprocesado destinado a otros usos como la alimentación animal) sobre el alimento afectado por la desviación en función de su efecto potencial sobre su inocuidad.

Las correcciones y acciones correctivas tomadas están documentadas y registradas en el formulario correspondiente. Por ejemplo, ver formulario *FO-SGIA-001016* en el Anexo.

4.16 Verificación

Para cada control preventivo, deben llevarse a cabo actividades de verificación para tener en cuenta la naturaleza del control preventivo y su papel en el sistema de inocuidad de los alimentos de la instalación.

Se requiere la verificación para asegurar que el plan de inocuidad de los alimentos se implemente de manera consistente, incluida la revisión de los registros de monitoreo y acciones correctivas dentro de los siete días hábiles posteriores a su creación, que se tomen las decisiones apropiadas sobre las acciones correctivas y que los instrumentos de monitoreo de procesos se calibren regularmente.

La verificación de la implementación de los controles preventivos está documentada y registrada en el formulario correspondiente. Por ejemplo, ver formulario *FO-SGIA-001017* en el Anexo.

4.17 Validación

Validación significa obtener y evaluar las evidencias científicas y técnicas de que una medida de control, una combinación de medidas de control o el plan de inocuidad de los alimentos en su conjunto, cuando se aplica correctamente, es capaz de controlar eficazmente los peligros identificados.

Las actividades de validación tienen como finalidad asegurar que los controles preventivos son efectivos para controlar los peligros identificados para la inocuidad del alimento.

La validación de los controles preventivos debe realizarse antes de su implementación.

Los controles preventivos del proceso deben validarse mediante estudios científicos u otros medios para garantizar que son adecuados para controlar los peligros previsibles identificados en el análisis de peligros.

La validación de los controles preventivos de saneamiento, alérgenos y cadena de suministro no es necesaria en el plan HARPC, aunque se deben utilizar procedimientos de prueba ambiental y de productos científicamente válidos para todas las actividades de verificación.

El alcance de las actividades de validación puede ser menos riguroso para algunos controles preventivos que para otros, o puede no ser necesario (por ejemplo, controles de saneamiento).

La validación de los controles preventivos está documentada y registrada en el formulario correspondiente. Por ejemplo, ver formularios *FO-SGIA-001010* y *FO-SGIA-001018* en el Anexo.

4.18 Documentación

El plan HARPC debe estar documentado.

Una parte integral del sistema de control preventivo es mantener buenos registros. Los registros escritos benefician al fabricante al proporcionar evidencia a los compradores y reguladores de que el plan HARPC se sigue consistentemente según lo planeado.

Se deben mantener los siguientes registros para cumplir con la Regla de Controles Preventivos:

- el análisis de peligros.

- los controles preventivos para cada peligro identificado y verificación de que controlan eficazmente los peligros.

- controles de monitorear para garantizar que los controles preventivos se realicen de manera consistente.

- una relación completa de las medidas correctoras adoptadas.

- el programa de aprobación y verificación de proveedores.

- el plan de retirada de alimentos del mercado.

- todos los resultados de las pruebas y auditorías.

- los resultados del reanálisis del plan de seguridad alimentaria.

Todos los registros requeridos deben conservarse en las instalaciones del fabricante durante al menos 2 años después de la fecha en que se prepararon.

4.19 Revisión y actualización

El plan HARPC debe revisarse y actualizarse al menos cada 3 años o siempre que:

- se produzcan cambios significativos en los productos alimenticios y los métodos de procesamiento dentro de la instalación puedan dar lugar a nuevos peligros previsibles o aumentar significativamente el nivel de riesgo de un peligro previamente identificado.

- el fabricante tenga conocimiento de nueva información sobre peligros potenciales.

- se constate que parte o la totalidad del plan HARPC resulte ineficaz.

5   Medidas de control y controles preventivos

5.1 Controles preventivos en el procesado de alimentos

Los controles preventivos de los procesos de elaboración y manipulación de alimentos incluyen procedimientos, prácticas y procesos para garantizar el control de ciertos parámetros durante operaciones tales como:

- Acidificación.

- Cocción.

- Congelación.

- Detección de metales.

- Fermentación.

- Filtrado.

- Irradiación.

- Pasteurización.

- Procesamiento con esterilización.

- Procesamiento por alta presión.

- Refrigeración.

- Secado.

- Utilización de rayos X.

Los controles preventivos de los procesos de elaboración y manipulación de alimentos, según corresponda a la naturaleza del control aplicable y su función en el sistema de inocuidad de los alimentos de la instalación, deben incluir:

1. Parámetros asociados con el control del peligro.

2. El valor máximo o mínimo, o combinación de valores, al que debe controlarse cualquier parámetro biológico, químico o físico para minimizar o prevenir significativamente un peligro que requiera un control del proceso.

Ejemplos de parámetros de procesamiento que pueden tener un valor mínimo o máximo (o combinación de valores) incluyen tiempo, temperatura, caudal, velocidad de línea, profundidad del lecho del producto, peso, grosor o tamaño del producto, viscosidad, nivel de humedad, actividad del agua (a_w), concentración de sal, pH y otros, dependiendo del proceso.

Los controles preventivos de los procesos de elaboración y manipulación de alimentos no incluyen aquellos procedimientos, prácticas y procesos que no se aplican a los alimentos en sí. Como por ejemplo, los controles del personal o del entorno que pueden usarse para minimizar o prevenir significativamente los peligros.

Guía APPCC/HACCP y HARPC

Control preventivo de proceso	Tipo de peligro	Ejemplos
Tratamientos letales para destruir o inactivar los microorganismos patógenos.	Biológico Elimina las células vegetativas de las bacterias patógenas. No elimina las esporasde las bacterias patógenas.	• Tratamientos térmicos como por ejemplo: cocinar, asar, hornear. • Procesamiento a alta presión (HPP). • Irradiación. • Fumigación antimicrobiana (por ejemplo, con óxido de polipropileno (PPO) u óxido de etileno (ETO).
Temperatura y tiempo de exposición	Biológico	• Refrigeración. • Congelación.
Formulación	Biológico	• Reducción de la actividad del agua (a_w). • Redución del pH. • Adición de conservantes.
Deshidratación / Secado	Biológico	• Secado al aire (aire forzado y calentamiento) • Liofilización. • Secado por atomización.
Control de los ingredientes	Químico	• Controlar el nivel máximo de ingredientes alimentarios.
Condiciones de almacenamiento	Químico	• Control de la humedad durante el almacenamiento de los productos agrícolas crudos.
Clasificación física	Químico	• Reducir el contenido de micotoxinas mediante la clasificación por color y daño físico en productos agrícolas crudos.
Detección del metal y del vidrio	Físico	• Uso de imanes. • Uso de detectores de metales . • Uso de tamices, pantallas. • Uso de sistemas de rayos X.

5.2 Tratamiento térmico

El tratamiento térmico continúa siendo la herramienta más habitualmente utilizada por la industria alimentaria para garantizar la salubridad de los alimentos y prolongar su vida útil, ya que presenta la ventaja frente a otros métodos de que es capaz de inactivar los microorganismos y enzimas presentes en el alimento.

5.2.1 Resistencia de los microorganismos

Algunos microorganismos patógenos son más resistentes al calor que otros microorganismos y, por lo tanto, requieren condiciones de calentamiento más estrictas para matarlos o inactivarlos.

Resistencia al calor	Forma microbiana
Alta	• Esporas bacterianas.
Moderada	• Algunas células bacterianas vegetativas • Quistes de parásitos •Hongos incluidas sus esporas.
Baja	• Algunas células bacterianas vegetativas. • Virus.

MOHOS

La mayoría de los mohos tienen poca resistencia al calor y no pueden sobrevivir a los procesos térmicos a los que se someten a los alimentos enlatados de acidez baja.

LEVADURAS

La mayoría de las levaduras se destruyen al calentarse a 77ºC (170ºF).

PARÁSITOS

Los parásitos se destruyen fácilmente a la temperatura de cocción y no son un preocupación por los productos cárnicos y avícolas estériles procesados térmicamente comercialmente ya que están sometidos a temperaturas muy superiores a las necesarias para destruir los parásitos.

VIRUS

Los virus no son resistentes al calor, y la mayoría tiene una resistencia similar a las bacterias no formadoras de esporas. Bacterias.

El virus de la hepatitis A se destruye a 85ºC (185ºF).

5.2.1.1   Resistencias de las células vegetativas bacterianas

Las células vegetativas de la mayoría de las bacterias, incluidos los patógenos alimentarios, las bacterias de deterioro y las bacterias del ácido láctico utilizadas en las fermentaciones vegetales, se destruyen fácilmente al calentarse a 71°C (160°F), especialmente cuando el pH es bajo.

5.2.1.2   Resistencia de las endosporas bacterianas

Las esporas de las bacterias, incluyendo las esporas de *C. botulinum*, son extremadamente resistentes al calor en comparación con las células vegetativas.

Para destruir las endosporas bacterianas hay que utilizar la esterilización a alta presión.

5.2.1.3   Resistencia de los hongos y las levaduras

La mayoría de las levaduras y mohos son sensibles al calor y destruidos por tratamientos térmicos a temperaturas de 60°C a 71°C (140 a 160°F). Sin embargo, algunos mohos producen esporas resistentes al calor y pueden sobrevivir a los tratamientos térmicos en productos vegetales en escabeche. Estos mohos, sin embargo, requieren oxígeno para crecer.

Cuando los frascos o recipientes de vegetales acidificados procesados térmicamente están mal sellados o agrietados, el oxígeno puede entrar. En estas condiciones, las esporas que sobrevivieron al tratamiento térmico pueden germinar y crecer en la superficie del líquido dentro del recipiente donde hay aire presente. Estos mohos pueden consumir el ácido presente en estos productos, haciendo que el pH se eleve por encima de 4,6, lo que a su vez puede conducir al crecimiento de *C. botulinum* y potencialmente a la producción de toxina botulínica mortal. Por lo tanto, es muy importante asegurarse de que los envases de alimentos acidificados estén correctamente sellados.

Existen relativamente pocos microorganismos formadores de esporas que pueden crecer sin oxígeno y a valores de pH inferiores a 4,6. Uno de esos organismos es un moho llamado *Byssochlamys fulva*. Este organismo ha sido responsable del deterioro de las frutas enlatadas procesadas térmicamente. Es bastante resistente al calor, requiere aproximadamente 1 minuto a temperatura de ebullición para matar las células del organismo, y puede sobrevivir al tratamiento térmico. Afortunadamente, no se ha informado que este moho sea un problema en los alimentos vegetales acidificados. Cuando se produce el deterioro de los productos alimenticios acidificados procesados térmicamente, generalmente se debe a que algunos frascos o recipientes no se calentaron durante el tiempo requerido a la temperatura correcta.

5.2.2 Factores que modifican la resistencia al tratamiento térmico

Además de la resistencia inherente al calor de los microorganismos patógenos específicos (o etapas de vida de microorganismos, como la etapa de endoesporas), existen otros factores asociados con los alimentos (como la actividad del agua, el pH, el contenido de sal, la grasa y las proteínas) que pueden afectar la resistencia al calor de los microorganismos.

Factor	Efecto en la resistencia térmica del microorganismo
Número de microorganismos.	La efectividad del tratamiento térmico depende del número de microorganismos presente en el alimento antes del tratamiento térmico.
Contenido en agua del alimento.	A medida que la humedad o la humedad disminuye, en general aumenta la resistencia al calor.
Contenido en grasa del alimento.	A medida que aumenta el contenido de grasa, hay un aumento general en la resistencia al calor de algunos microorganismos.
Contenido en sales del alimento.	El efecto de la sal varía y depende del tipo de sal y la concentración. Algunas sales que disminuyen la actividad del agua parecen aumentar la resistencia al calor de los microorganismos, mientras que otras sales que pueden aumentar la actividad del agua (por ejemplo, Ca^{2+} y Mg^{2+}) parecen disminuir la resistencia al calor.
Contenido en carbohidratos del alimento	La presencia de carbohidratos como los azúcares puede aumentar la resistencia al calor de los microorganismos debido en parte a la disminución de la actividad del agua. Sin embargo, el impacto puede ser variable, particularmente entre azúcares y alcoholes de azúcar.
pH del alimento.	La mayoría de los microorganismos son más resistentes al calor cerca de su pH óptimo para el crecimiento. Generalmente, a medida que el pH aumenta o disminuye en relación con este pH óptimo, los microorganismos se vuelven más sensibles al calor.
Contenido en proteínas dela alimento.	Las proteínas tienen un efecto protector y, por lo tanto, aumentan la resistencia al calor de los microorganismos.

Otros factores que pueden influir en la resistencia al calor de los microorganismos incluyen: el número de microorganismos, la edad de los microorganismos, las temperaturas a las que se produce el crecimiento microbiano, la presencia de compuestos inhibidores y la combinación de tiempo y temperatura utilizada.

5.2.3 Tipos de tratamiento térmico de los alimentos

El tratamiento térmico a alta temperatura de un alimento puede ser:.

- Tratamiento térmico que reduce los patógenos microbianos pero no conduce a la esterilidad comercial.

  Consiste en un procesamiento térmico a temperaturas más bajas (por ejemplo, 70°C (158°F) a 100°C (212°F), para matar las formas vegetativas de los microorganismos patógenos pero con poco o ningún efecto sobre las esporas de las bacterias.

  Los productos tratados no son estables en el estante y requieren controles como la refrigeración para controlar las esporas de patógenos bacterianos.

- Tratamiento térmico que conduce a la esterilidad comercial.

  Consiste en un procesamiento térmico a altas temperaturas, superior a 100°C (212°F), bajo presión con el objetivo de matar todas las formas de microorganismos patógenos, incluidas las esporas de las bacterias.

Los productos tratados son estables sin refrigeración. (Las temperaturas más bajas pueden conducir a productos que son estables en el estante en algunos casos, por ejemplo, cuando el pH es lo suficientemente bajo como para evitar el crecimiento de las bacterias formadoras de esporas sobrevivientes).

La efectividad del tratamiento térmico de los alimentos depende de la temperatura alcanzada y el tiempo a la que se mantiene el punto frío (cold spot) del alimento.

5.2.3.1   Pasteurización

Con los tratamientos de pasteurización se pretende inactivar a los patógenos vegetativos presentes en el medio, consiguiendo así garantizar la salubridad y alargar la vida útil del producto, siempre que éstos se mantengan en refrigeración. En estos tratamientos se emplean temperaturas inferiores a 100°C, pudiendo optarse entre un tratamiento a baja temperatura y prolongado en el tiempo (LTLT) o por tratamientos cortos a elevadas temperaturas (HTST). Dependiendo del tratamiento aplicado se consigue distinto grado de inactivación microbiana y enzimática.

La pasteurización se usa comúnmente para productos alimenticios de alta acidez (pH < 4,6) para inactivar las bacterias patógenas y extender la vida útil del producto durante un par de semanas. También es utilizada para alimentos de baja acidez seguida de refrigeración.

El método de pasteurización más común, temperatura alta y tiempo corto (High Temperature Short Time - HTST), emplea temperaturas alrededor de 72°C durante 15s en el caso de la leche.

5.2.3.2   Esterilización

La esterilización se usa comúnmente para productos alimenticios de baja acidez (pH > 4,6) para inactivar las bacterias patógenas y las esporas, extiende la vida útil del producto por varios meses, y utiliza temperaturas alrededor de 121°C durante varios minutos (por ejemplo, 15 min).

5.2.3.3   Calentamiento óhmico

Un calentador óhmico, también conocido como un calentador Joule, es un dispositivo de calentamiento eléctrico que utiliza la propia resistencia eléctrica de un líquido para generar el calor. Junto con la inactivación microbiana derivada del propio calentamiento, se produce una electroporación de las membranas celulares. Las principales ventajas de esta tecnología consisten en que el calentamiento se produce de manera rápida y se reparte uniformemente, no se transfiere calor residual tras cesar la corriente ni se producen incrustaciones en la superficie de transferencia del calor y el coste de mantenimiento de los equipos no es elevado. Entre los inconvenientes, se encuentra la dificultad de controlar, ya que se requiere un ajuste estrecho entre la temperatura y la distribución del campo eléctrico.

5.2.3.4　Radiofrecuencia

Técnica donde se aplica energía eléctrica que se convierte en ondas electromagnéticas que generan calor en el interior del producto debido a la oscilación de los dipolos (el agua contenida en los alimentos) y a la despolarización iónica (las sales minerales propias de los alimentos).

La principal desventaja del calentamiento dieléctrico por radiofrecuencia es la falta de uniformidad en la distribución de la temperatura, dando lugar a puntos fríos y calientes.

5.2.4 Cinética de inactivación microbiana

En los tratamientos térmicos son el tiempo y la temperatura los dos parámetros a controlar. Por lo que respecta a la inactivación de los microorganismos, de manera general se asume que, a una temperatura constante, existe una relación exponencial entre el número de células supervivientes al calor y el tiempo de tratamiento.

Con el fin de diseñar nuevos tratamientos y poder hacer comparaciones entre diferentes especies, condiciones o tratamientos la termorresistencia microbiana suele expresarse con el valor D_t , o tiempo de reducción decimal, que se define como el tiempo en minutos a una temperatura determinada necesario para reducir la población microbiana un ciclo logarítmico. El valor D_t se corresponde con el inverso negativo de la pendiente de la gráfica de supervivencia, gráfica que se construye representando el logaritmo decimal del número de supervivientes frente al tiempo de tratamiento a temperatura constante.

La misma relación existe entre el valor D_t y la temperatura de tratamiento. Así, el valor z se define como número de grados que hay que incrementar la temperatura para reducir un ciclo logarítmico el valor D_t., y se calcula a partir de la inversa negativa de la pendiente de la recta de termodestrucción, que representa el logaritmo del valor D_t frente a la temperatura de tratamiento. Ambos parámetros nos permiten definir la termorresistencia no sólo de microorganismos sino también de enzimas o componentes de los alimentos, cuya cinética de inactivación se ha demostrado similar.

No obstante, es importante tener en cuenta que, aunque el uso de los valores D_t y z es habitual, y se ha demostrado útil para el establecimiento de los tratamientos térmicos a aplicar en diferentes alimentos, es un hecho que no siempre se observa una relación exponencial entre el número de microorganismos supervivientes y al tiempo de tratamiento. Por tanto, es frecuente la aparición de fenómenos de desviación de la linealidad, en forma de fenómenos de hombro y cola , al principio y al final de la curva de supervivencia, respectivamente, que se corresponden con porciones de la curva en las que el recuento microbiano no disminuye a la misma velocidad.

5.3 Tiempo de exposición a una temperatura

El crecimiento bacteriano patógeno y la formación de toxinas resultantes de la permanencia inadecuada a una temperatura y durante un tiempo prolongado de los alimentos pueden dar lugar a niveles inseguros de patógenos o toxinas en los alimentos y causar enfermedades del consumidor.

La multiplicación de las bacterias está directamente influenciada por el tiempo de exposición a una temperatura determinada. Por tanto, el tiempo de exposición de un alimento a una temperatura dada debe controlarse tanto durante su procesamiento como durante su almacenamiento.

En general, el rango de temperaturas en el que se produce la multiplicación bacteriana es de -5°C (23°F) a 90°C (194°F).

Así, atendiendo a la capacidad de multiplicación según la temperatura del medio, las bacterias se clasifican en:

- Los **termófilos** crecen a temperaturas altas superiores a 55°C (131°F).

- Los **mesófilos** crecen a temperatura ambiente o cerca de ella.

- Los **psicrófilo**s crecen a temperaturas de refrigeración o cerca de ellas.

- Los **psicrótrofos** son capaces de crecer a temperaturas de refrigeración, pero su temperatura óptima de crecimiento está en el rango mesófilo.

Microorganismo	Temperatura mínima °C (°F)	Temperatura óptima °C (°F)	Temperatura máxima °C (°F)
Termófilos.	40 - 45 (104 - 113)	55 - 75 (131 - 167)	60 - 90 (140 - 194)
Mesófilos	5 - 15 (41 - 59)	30 - 45 (86 - 113)	35 - 47 (95 - 117)
Psicrófilos	-5 - +5 (23 - 41)	12 - 15 (54 - 59)	15 - 20 (59 - 68)
Psicótrofos	-5 - +5 (23 – 41)	25 - 30 (77 - 86)	30 - 35 (86 - 95)

La mayoría de las bacterias patógenas son mesófilas y su temperatura óptima de crecimiento corresponde a la temperatura del cuerpo humano.

5.3.1 Zona de peligro

Las bacterias crecen más rápidamente en el rango de temperaturas entre 40°F y 140°F, duplicando su número en tan solo 20 minutos. Este rango de temperaturas a menudo se llama la **zona de peligro (danger zone)**.

Por tanto, la recomendación es que el alimento se mantenga a una temperatura fuera del rango de temperaturas correspondiente a la zona de peligro. Es decir, los alimento calientes debe conservarse calientes a una temperatura de 140ºF (60ºC) o superior y los alimentos fríos deben conservarse fríos a una temperatura de 40ºF (4,4ºC) o inferior.

Nunca puede dejarse un alimento más de 2 horas a una temperatura que esté dentro de los límites de la zona de peligro.

5.4 Altas presiones hidrostáticas

La alta presión hidrostática (APH) o High Pressure Processing (HPP) es un tratamiento no térmico (5ºC a 25ºC) para la conservación de alimentos, que permite mejorar la seguridad microbiana de los productos sin que se produzca la pérdida de nutrientes, se generen compuestos potencialmente nocivos o se alteren las características organolépticas del alimento.

El tratamiento HPP consiste en someter al alimento, previamente sellado en su envase final flexible, a altos niveles de presión de forma homogénea durante unos segundos a minutos. Las muestras se introducen en una cámara de acero, que se rellena con un fluido de proceso, en la que se aumenta la presión mediante el bombeo del fluido de proceso con bombas e intensificadores de presión. Una vez alcanzada la presión deseada, se mantiene la cámara presurizada el tiempo necesario para realizar el tratamiento y posteriormente se vacía la cámara para extraer los alimentos tratados.

Presiones superiores a 400 MPa / 58,000 psi a temperaturas de refrigeración (+ 4ºC to 10ºC) o ambiente, inactivan la flora vegetativa (bacterias, virus, mohos, levaduras y parásitos) presente en el producto, aumentando su vida útil y garantizando su seguridad.

Hay que tener en cuenta que al someter a una alimente a alta presión podrían producirse cambios en su propiedades, como la distorsión en su forma y la reducción en su capacidad para retener humedad (purga) debido a la ruptura de la pared de la célula.

El procesamiento por alta presión (HPP) es un tratamiento antimicrobiano para su uso en carne, aves de corral, y ovoproductos transformados.

Los microorganismos varían en su sensibilidad a la alta presión. Aunque la mayoría de las células vegetativas se puede inactivar a presiones relativamente bajas (200-400 MPa), las esporas bacterianas son más resistentes y requieren una combinación de alta presión y temperatura.

Los mejores candidatos para la inactivación microbiana por tratamiento del alimento a altas presiones siguen siendo los alimentos ácidos y los alimentos que se refrigerarán después del procesamiento.

El procesamiento por alta presión de alimentos requiere presiones de 400 a 700 MPa, o 4000 - 7000 bares (58,000 - 101,000 psig). La unidad de medida utilizada frecuentemente para el tratamiento a altas presiones en la industria alimentaria es el pascal (Pa) o megapascal (MPa, 1.000.000 Pa).

La mayoría de las aplicaciones comerciales de la industria alimentaria utilizan presiones en el rango de 600 a 700 Mpa.

5.4.1 Proceso del tratamiento a alta presión

El alimento que va a ser sometido a alta presión (HPP) se coloca en un contenedor flexible sellado. El contenedor flexible se coloca en una cesta o barril y trasladado a una cámara de alta presión llena de un fluido transmisor de presión, Por lo general, el agua no entra en contacto con el producto. La cámara está equipada con bombeo y sistemas de descompresión.

El procesamiento a alta presiones (HPP) somete a los alimentos líquidos o sólidos, con o sin envase, a presiones entre 100 y 800 MPa (14.500 a 116.000 PSI).

Las temperaturas del proceso durante el tratamiento a presión se pueden especificar por debajo de 0 ° C y por encima de 100 ° C.

Los recipientes están diseñados exclusivamente para soportar estas presiones durante muchos ciclos.

Los tiempos de exposición comercial pueden varían desde un pulso de milisegundos hasta más de 20 minutos.

Los alimentos sujetos a tratamiento HPP a temperatura ambiente o cerca de ella no sufrir transformaciones químicas significativas debido al propio tratamiento a presión.

El procesamiento a alta presiones (HPP) actúa de forma instantánea y uniforme a través de la masa del alimento independiente de su tamaño, forma y composición. Por lo tanto, el tamaño, la forma y la composición del paquete no son factores a la hora de determinar el proceso.

La compresión debida a la alta presión aumentará la temperatura de los alimentos en aproximadamente 3°C por 100 MPa, dependiendo de su composición. Si un alimento contiene una cantidad significativa de grasa, el aumento de temperatura puede ser mayor. Durante la fase de descompresión, el alimento se enfriar a su temperatura original si no se pierde o se gana calor de las paredes del recipiente del cámara durante el tiempo de retención a presión.

Se requiere una temperatura inicial uniforme para lograr un aumento de temperatura uniforme durante la compresión.

El tratamiento a alta presión (HPP) se considera un proceso no térmico debido al limitado aumento en la temperatura del alimento.

Mientras que la temperatura de un alimento homogéneo aumentará uniformemente debido a la compresión, la distribución de la temperatura en la masa del alimento durante el período de mantenimiento a presión puede cambiar debido a la transferencia de calor hacia o desde el paredes del recipiente a presión.

El recipiente a presión debe mantenerse a una temperatura igual a la temperatura final del alimento tras la compresión para que el proceso sea isotérmico.

La distribución de la temperatura debe determinarse en el alimento dureante el tratamiento a alta presión (HPP) y mantenerse al nivel adecuado si la temperatura es necesaria para la inactivación microbiana durante el tratamiento a alta presión (HPP).

5.4.2 Eficacia del tratamiento a alta presión

La eficacia de HPP en la eliminación o reducción de microorganismos transmitidos por los alimentos depende de una serie de factores relacionados con los microorganismos (por ejemplo, tipo de organismos y fase de crecimiento) y las propiedades del alimento (por ejemplo, pH, agua actividad, temperatura y composición).

Factores relacionados con el microorganismo:

- **Fase de crecimiento.** Microorganismos en la fase exponencial de crecimiento (un período de tiempo donde el número de microorganismo se está duplicando y el crecimiento está en su punto más rápido) son más sensibles a la presión que en el fase estacionaria de multiplicación (un período de tiempo después de la fase exponencial en la que el la tasa de multiplicación y la tasa de mortalidad son iguales).

- **Microorganismos formadores de esporas.** Las esporas son altamente resistentes a la presión. Una combinación de presión (>800 MPa) y calor (>80 °C) o alta presión en combinación con otros tratamientos antimicrobianos, es requerido para conseguir un nivel significativo de inactivación de las esporas en los alimentos. Se ha observado que las esporas germinan durante los tratamientos de presión de hasta 400 MPa.

- **Inactivación sub-letal del microorganismo.** La inactivación sub-letal por HPP puede conducir a células estresadas o lesionadas que pueden recuperarse bajo ciertas condiciones y presentan un riesgo de nuevo crecimiento del microorganismo durante la vida útil de un alimento. Si los patógenos no son inactivados permanentemente por HPP, se precisan formulaciones alimentarias inhibitorias o condiciones de almacenamiento que inhiban el crecimiento de células lesionadas después del procesamiento.

- **Temperatura del microorganismo antes del tratamiento HPP.** La temperatura a la que se mantienen los microorganismos antes del tratamiento HPP puede afectar su sensibilidad al daño por presión. Esto se debe a que la temperatura es un factor importante para la multiplicación bacteriana.

Factores relacionados con el alimento:

- **Composición**. Los componentes de los alimentos como las proteínas, las grasas, los azúcares, las sales y los minerales pueden proporcionar un efecto protector y aumentar la resistencia microbiana a la presión

- **pH**. A medida que se reduce el pH, la mayoría de los microorganismos se vuelven más susceptibles a la inactivación de HPP y Las células lesionadas sub-letalmente no se reparan.

- **Actidad del agua (a_w).** La reducción de la actividad del agua tiende a proteger a los microorganismos contra la inactivación por HPP. La recuperación de las células lesionadas también puede ser inhibida por la baja actividad del agua. Es posible que HPP no funcione con sólidos secos o polvos. El tratamiento a presión puede compactarse Productos (forman un pastel) que no tienen suficiente contenido de humedad.

- **Antimicorbianos.** La combinación de HPP y compuestos antimicrobianos puede promover la eliminación de microorganismos resistentes a la presión, disminuyen la temperatura necesaria para inactivar microorganismos y ayudan a prevenir la reparación de células lesionadas sub-letalmente durante el almacenamiento

Otros factores:

- Temperatura presurizada. La temperatura presurizada afecta la sensibilidad de las células bacterianas a la presión. Las temperaturas superiores a 50 °C disminuyen rápidamente la resistencia a la presión con el aumento temperatura.

5.5 Irradiación

La aplicación de tratamientos de irradiación a los alimentos con el fin de mejorar la seguridad (por ejemplo, reduciendo o eliminando bacterias patógenas) o prolongando la vida útil (por ejemplo, reduciendo o eliminando microorganismos de deterioro e insectos) puede utilizar fuentes que:

- tienen niveles de energía lo suficientemente altos como para causar ionización (la creación de iones por expulsión de electrones orbitales de los átomos). **Irradiación ionizante**.

- tienen niveles de energía más bajos que no causarán ionización. **Irradiación no ionizante**.

5.5.1 Irradiación no ionizante

La irradiación no ionizante en forma de ondas electromagnéticas de baja energía, como la luz UV y la calefacción infrarroja, se puede utilizar para tratar alimentos similares a los descritos para microondas, radiofrecuencia y calentamiento óhmico.

5.5.2Irradiación ionizante

Hay tres fuentes de radiación ionizante aprobadas para su uso en alimentos (21 CFR 179.26):

- **Rayos gamma** emitidos por formas radiactivas del elemento cobalto (Cobalto 60) o del elemento cesio (Cesio 137). La radiación gamma también se usa rutinariamente en medicina para esterilizar productos médicos y dentales y para el tratamiento de radiación del cáncer.

- **Rayos X** producidos al reflejar una corriente de electrones de alta energía en los alimentos de una sustancia objetivo (generalmente uno de los metales pesados) utilizando aceleradores de electrones. Los rayos X también se utilizan ampliamente en la medicina y la industria para producir imágenes de las estructuras internas.

- **Haz de electrones** – (o e-beam). Similar a los rayos X y es una corriente de electrones de alta energía propulsados desde un acelerador de electrones a los alimentos.

La razón principal por la que la irradiación de alimentos se utiliza como un proceso letal de control es para inactivar patógenos y microorganismos que causan el deterioro de los alimentos.

La aplicación de la irradiación ionizante daña el ADN e inhibe muy eficazmente la síntesis de ADN y la división celular adicional en microorganismos que están expuestos a estas formas y niveles de energía.

La cantidad de energía de irradiación utilizada para lograr el control de los microorganismos varía de acuerdo con la resistencia a la radiación del organismo en particular, que a menudo es específica para el nivel de la especie y el número o la carga de los microorganismos presentes.

El tratamiento con irradiación a dosis de 2-7 kiloGray (kGy), dependiendo de la fuente de radiación y del alimento, elimina eficazmente las bacterias potencialmente patógenas no formadoras de esporas, incluidos los patógenos reconocidos desde hace mucho tiempo, como *Salmonella* y *S. aureus*, así como los patógenos emergidos más recientemente, como *Campylobacter*, *L. monocytogenes* o *E. coli O157: H7*, de productos alimenticios sospechosos.

Valores de D_{10} (kGy) para algunas bacterias patógenas no esporoformadoras transmitidas por los alimentos	Alimento no congelado	Alimento congelado
Vibrio spp.	0,02 – 0,14	0,04 – 0,44
Yersinia enterocolitica	0,04 – 0,21	0,20 – 0,39
Campylobacter jejuni	0,08 - 0.20	0,18 – 0,32
Aeromonas hydrophila	0,11 – 0,19	0,21 – 0,34
Shigella spp.	0,22 – 0,40	0,22 – 0,41
Escherichia coli O157:H7	0,24 – 0,43	0,30 – 0,98
Staphylococcus aureus	0,26 - 0,57	0,29 – 0,45
Salmonella spp.	0,18 – 0,92	0,37 – 1,28
Listeria monocytogenes	0,20 – 1,0	0,52 – 1,4

5.6 Fumigación antimicrobiana del alimento

La fumigación de las almendras con oxido de propileno resulta en una reducción mínima de 4 log de *Salmonella*.

5.7 Refrigeración

Dependiendo de la temperatura, la refrigeración inhibirá el crecimiento de muchos patógenos. Sin embargo, patógenos como *L. monocytogenes* y algunas cepas de *B. cereus* pueden crecer a temperaturas de refrigeración.

La refrigeración se utiliza para controlar el crecimiento de patógenos bacterianos formadores de esporas.

La refrigeración tiene la ventaja adicional de ralentizar los procesos biológicos y químicos que resultan en deterioro, rancidez oxidativa y otros defectos de calidad.

El control de la temperatura durante el almacenamiento se puede lograr de varias maneras, como utilizando hielo, paquetes de gel refrigerante químico y refrigeración seca mecánica (por ejemplo, en un refrigerador).

Controlar la temperatura con bolsas de hielo o gel puede ser efectivo si hay una cantidad adecuada de bolsas de hielo o gel. Por lo tanto, debe monitorizarse comprobando si hay una cantidad adecuada de refrigerante presente en el producto en todo momento, incluso cuando se envía y cuando se recibe, y verificando la temperatura de los alimentos con un termómetro o dispositivo de registro de temperatura.

Para el almacenamiento refrigerado mecánico en seco en un refrigerador, si la temperatura ambiente puede estar relacionada con la temperatura del producto, el monitoreo de la temperatura del área de almacenamiento asegurará que la temperatura del producto esté bajo control. Por lo general, el monitoreo del refrigerador requiere el uso de instrumentos de monitoreo continuo, como gráficos de termómetros registradores, termómetros indicadores máximos y alarmas de alta temperatura.

Cuando un alimento se retira del almacenamiento en refrigeración, la temperatura del mismo aumenta gradualmente y puede alcanzar la temperatura asociada con el rango de temperatura en el que determinados microorganismos patógenos se multiplican.

Las bacterias patógenas pasan por una fase de latencia (lag phase), durante la cual se produce poca o ninguna multiplicación a medida que los microorganismos se adaptan a su nuevo entorno.

Dependiendo de la temperatura ambiente, es posible que los alimentos puedan permanecer fuera de la refrigeración durante al menos un par de horas sin riesgo de crecimiento significativo de patógenos. A medida que la temperatura del producto se acerca al rango de temperatura de multiplicación, los patógenos entran en lo que se llama la "fase logarítmica" (porque crecen logarítmicamente). El objetivo es evitar que eso suceda, idealmente manteniendo a los patógenos en su fase de latencia.

5.8 Congelación

La congelación inhibe la multiplicación de las células vegetativas de las bacterias patógenas, levaduras y mohos.

La mayoría de los virus, las esporas bacterianas y algunas células vegetativas bacterianas sobreviven a la congelación sin cambios.

Dado que los organismos multicelulares (como protozoos parásitos, nematodos y trematodos) son generalmente más sensibles a las bajas temperaturas que las bacterias. La congelación y el almacenamiento congelado son buenos métodos para matar estos organismos en varios alimentos. Esto es especialmente importante si es probable que los consumidores coman los alimentos crudos o poco cocidos.

Hay que tener en cuenta que una vez se descongela el alimento, los microorganismos patógenos presentes se reactivan multiplicándose. Por ello, un alimento descongelado debe manipularse como lo haría con cualquier alimento perecedero.

Los alimentos son microbiológicamente estables cuando se mantienen a temperaturas inferiores a -8ºC (17,6ºF).

5.8.1 Técnicas de congelación

En función de la técnica de congelación empleada podemos distinguir:

- **Congelación por contacto**. El proceso se consigue con la extracción del calor del alimento gracias al contacto de placas termoconductoras a muy bajas temperaturas. Utilizada principalmente para el marisco y el pescado.

- **Congelación criogénica**. Este proceso se lleva a cabo con fluidos criogénicos como el nitrógeno, el dióxido de carbono, el freón. Este proceso es parte también de la ultracongelación debido a su rapidez, aunque tiene un coste muy elevado.

- **Congelación por corrientes de aire frío**. Este proceso que se lleva a cabo mediante corrientes de aire frio encargadas de extraer el calor del alimento hasta alcanzar una temperatura controlada.

5.9 Formulación

La mayoría de las técnicas de conservación de alimentos utilizadas por los procesadores emplean el conocimiento de factores (como la actividad del agua, el pH, la temperatura, los nutrientes, los inhibidores químicos, la microflora competitiva y la atmósfera) que afectan el crecimiento de bacterias.

5.9.1 Actividad del agua (a_w)

Actividad del agua (a_w) es una medida de la humedad libre en un alimento y es el cociente de la presión del vapor de agua del alimento dividido por la presión de vapor del agua pura a la misma temperatura.

La actividad del agua está directamente relacionada con la presión de vapor del agua en una solución. Puede determinarse la actividad del agua midiendo la humedad relativa de equilibrio del aire sobre la solución en un recipiente cerrado. La humedad relativa dividida por 100 es igual a la actividad del agua:

$$a_w = \frac{Humedad\ relativa}{100}$$

Si se tiene un recipiente cerrado de agua, el aire sobre el agua se satura con agua. La humedad relativa es del 100%, lo que equivale a una actividad del agua de 1,0. Por lo tanto, el agua tiene una actividad de agua de 1,0.

Los microorganismos necesitan agua para sobrevivir y crecer.

La actividad del agua (a_w) es una medida de la disponibilidad de agua para los microorganismos. En general, los microorganismos sobreviven y crecen mejor cuando la actividad del agua es alta que cuando la actividad del agua es baja.

5.9.1.1   Actividad del agua en los alimentos

Los alimentos son sistemas más complejos que el agua, y el agua puede unirse a los componentes de los alimentos, por lo que no toda el agua en los alimentos está disponible para los microorganismos; Por lo tanto, la actividad del agua de la mayoría de los productos alimenticios es inferior a 1,0.

Los alimentos varían en su contenido en agua o actividad de agua (a_w) como se ilustra en la siguiente tabla.

Actividad del agua (aw)	Grupos de alimentos
$a_w \geq 0.98$	• Carnes y pescados frescos. • Fruta enlatada en almíbar no concentrado. • Frutas y verduras frescas. • Leche y otras bebidas. • Verduras enlatadas en salmuera.
$0,93 < a_w < 0,98$	• Embutidos cocidos. • Embutidos enlatados. • Frutas enlatadas en almíbar espeso. • Leche evaporada. • Pan. • Pasta de tomate. • Productos de cerdo y carne de res ligeramente salados. • Queso fundido. • Queso Gouda. • Salchichas fermentadas (no secas).
$0,85 \leq a_w \leq 0,93$	• Leche condensada azucarada. • Queso Cheddar. • Salchicha seca o fermentada. • Venado seco.
$0,60 \leq a_w \leq 0,85$	• Alimentos con humedad intermedia. • Cereales. • Extracto de carne. • Frutos secos. • Frutos secos. • Harina. • Melaza • Mermeladas y jaleas. • Pescado muy salado.
$a_w < 0,60$	• Chocolate. • Confitería. • Fideos secos. • Galletas. • Huevo deshidratado, leche y verduras. • Miel. • Patatas fritas.

Los controles preventivos para evitar la multiplicación microbiana dependerá del contenido en agua del alimento como se muestra en la siguiente tabla.

5.9.1.2 Controles preventivos según la actividad del agua del alimento

Algunos alimentos requieren un control cuidadoso de la actividad del agua para asegurar la inocuidad / seguridad alimentaria, mientras que otros no lo requieren.

Hay dos formas principales de reducir la actividad del agua en los alimentos:

- Formulación adecuada del producto (como agregar sal o azúcar).

- Deshidratación (secado).

Actividad del agua (aw)	Clasificación del alimento	Controles preventivos requeridos
$a_w > 0{,}85$	Alimentos con humedad elevada	Requieren refrigeración u otra barrera para controlar el crecimiento de patógenos
$0{,}60 < a_w < 0{,}85$	Alimentos con humedad intermedia	No requieren refrigeración para controlar los microorganismos patógenos. Vida útil limitada debido al deterioro, principalmente por levaduras y mohos.
$a_w < 0{,}60$	Alimentos con baja humedad	Vida útil prolongada, incluso sin refrigeración

5.9.1.3　Actividad del agua (a_w) y multiplicación de los microorganismos

Cada microorganismo tiene una actividad de agua mínima, óptima y máxima para su desarrollo y multiplicación.

Las levaduras y los mohos pueden crecer con baja actividad hídrica; Sin embargo, se acepta como norma que la multiplicación microbiana está inhibida si la actividad del agua del alimento es $a_w \leq$ 0,85.

5.9.2 pH

El término "pH" se refiere a una escala numérica utilizada para describir la acidez y la alcalinidad. El pH refleja la concentración de iones de hidrógeno y se expresa matemáticamente como el logaritmo negativo de la concentración de iones de hidrógeno.

La escala de pH varía de 0 a 14, siendo 7 neutro.

5.9.2.1　Rango de pH donde hay multiplicación microbiana

Los microorganismos solo pueden multiplicarse en medios con determinados valores de pH.

En la siguiente tabla se muestran los rangos de pH en los que pueden multiplicarse los distintos tipos de microorganismos.

Microorganismo	Rango de pH donde hay multiplicación
Bacteria (Gram+)	4,0 a 8,5
Bacteria (Gram -)	4,5 a 9,0
Mohos	1,5 a 9,0
Levaduras	2,0 a 8,5

La reducción del pH se considera principalmente un método para inhibir la multiplicación de las bacterias. Es decir, no es un método para matar bacterias.

Aun cuando algunos microorganismos mantenidos a pH bajo durante un tiempo prolongado pueden ser destruidos existen bacterias patógenas como *E. coli O157: H7*, que pueden sobrevivir a condiciones ácidas durante largos períodos de tiempo.

5.9.2.2   Acidez de los alimentos

Atendiendo a su acidez, los alimentos se clasifican en:

- Alimentos bajos en acidez si: pH > 4,5 a 4,6.

- Alimentos de acidez media si: 3,7 < pH < 4,6.

- Alimentos ácidos si: pH < 3,7.

El pH de los alimentos es extremadamente relevante para la selección de los parámetros del proceso de esterilización (temperatura y el tiempo de retención) porque los microorganismos crecen mejor en un ambiente menos ácido. Debido a ello, el proceso estándar de esterilización comercial se basa en el microorganismo más resistente (*Clostridium botulinum*) en las peores condiciones de escenario (pH más alto).

La resistencia al calor de los microorganismos es mayor en productos poco ácidos (pH ≥ 4,5 a 4,6). Por otro lado, los alimentos de ácido medio a ácido requieren un tratamiento térmico mucho más suave (temperatura más baja) para cumplir con el criterio de esterilización.

5.9.2.3   Acidificación de los alimentos

La **acidificación** es la adición directa de ácido a un alimento bajo en ácido.

Debido a que un pH ácido puede inhibir la multiplicación de muchas bacterias, la acidificación de los alimentos es un control preventivo común del proceso de formulación.

Ejemplos de alimentos que se acidifican como control de proceso incluyen remolachas en escabeche y pimientos.

Hay una variedad de ácidos (como el ácido acético, el ácido láctico y el ácido cítrico) que se pueden usar para acidificar los alimentos, dependiendo de los atributos deseados del producto terminado.

Hay varios métodos diferentes para agregar el ácido al producto:

- Un método se llama acidificación directa, donde cantidades predeterminadas de ácido y los alimentos bajos en ácido se agregan a contenedores individuales de productos terminados durante la producción. Con este método, es importante que el procesador controle la relación ácido-alimento. Este es probablemente el método más común utilizado para las verduras acidificadas.

- Otro método de acidificación es la acidificación por lotes. Como su nombre lo indica, el ácido y los alimentos se combinan en grandes lotes y se les permite equilibrarse. El alimento acidificado se envasa.

Los alimentos acidificados deben tratarse térmicamente lo suficiente para controlar los microorganismos de deterioro además de los patógenos vegetativos. Aunque una razón es evitar que el deterioro desencadene pérdidas económicas, la razón de seguridad alimentaria es que la acción de los organismos de deterioro puede elevar el pH, comprometiendo la seguridad del producto porque cualquier espora de *C. botulinum* que se encuentre en los alimentos puede germinar, crecer y producir toxina botulínica.

La legislación sobre alimentos acidificados requiere que procese térmicamente el alimento lo suficiente para destruir las células vegetativas de microorganismos patógenos y no patógenos capaces de reproducirse en el alimento en las condiciones en que el alimento es almacenado, distribuido, vendido al por menor y mantenido por el usuario. Sin embargo, puede usar conservantes permitidos para inhibir la reproducción de microorganismos no patógenos en lugar del procesamiento térmico. (

5.9.2.4 Fermentación

Durante la fermentación bacteriana, las bacterias productoras de ácido producen ácido láctico, que reduce el pH. Debido a que el pH reducido puede inhibir el crecimiento de muchas bacterias, la fermentación bacteriana de los alimentos es un control común del proceso de formulación.

Ejemplos de alimentos de baja acidez fermentados por fermentación bacteriana a un pH inferior a ,.6 incluyen: aceitunas fermentadas, pepinillos fermentados, quesos y chucrut.

Los mohos se utilizan para fermentar algunos alimentos como la salsa de soja, la salsa tamari y otros alimentos orientales, principalmente por el sabor y otras características.

En la práctica, la fermentación es un arte. Debe fomentar el crecimiento de organismos favorables y desalentar el crecimiento de organismos que pueden causar deterioro. Esto generalmente se logra agregando sal o un cultivo iniciador a la comida, o en algunos casos acidificándola ligeramente. Un cultivo iniciador puede ser levadura o bacterias.

En muchos productos fermentados, no existe la posibilidad de eliminar las bacterias productoras de ácido. Estos productos fermentados se mantienen refrigerados para que las bacterias de cultivo y las bacterias no muertas durante el proceso de fermentación no estropeen el producto.

5.9.3Conservantes

Los conservantes se pueden utilizar para prevenir el crecimiento de microorganismos, por ejemplo, si un producto alimenticio no se procesa térmicamente (o no se procesa térmicamente en una medida suficiente para matar las células vegetativas de microorganismos no patógenos (como los microorganismos de deterioro) que son capaces de reproducirse en los alimentos en las condiciones en que se almacenan los alimentos, distribuidos, vendidos al por menor y mantenidos por el usuario).

Los conservantes funcionan desnaturalizando proteínas, inhibiendo enzimas o alterando o destruyendo las paredes celulares o las membranas celulares de los microorganismos.

Ejemplos de productos que usan conservantes como control del proceso de formulación incluyen alimentos acidificados que no se procesan térmicamente o solo se procesan térmicamente mínimamente, hummus (que usa benzoato de sodio para inhibir la levadura y el moho) y muchos panes (que usan propionato de calcio para inhibir el moho).

Algunos de los conservantes más utilizados son los siguientes:

- Ácido acético y sus sales (por ejemplo, acetato de sodio, diacetato de sodio), que se agrega para reducir el crecimiento bacteriano.

- Benzoatos, que incluyen ácido benzoico, benzoato de sodio y benzoato de potasio. Los benzoatos se utilizan principalmente para inhibir la levadura o el moho. También puede inhibir patógenos bacterianos (por ejemplo, S. aureus, L. monocytogenes).

- La natamicina se aplica sobre el queso para inhibir el crecimiento de hongos.

- La nisina se utiliza como agente antimicrobiano para inhibir el crecimiento de las esporas de C. botulinum y la formación de toxinas en una variedad de pasteurizados de queso de proceso para untar.

- Los propionatos, que incluyen ácido propiónico y propionatos de sodio, potasio y calcio, se usan en panes, pasteles y quesos para inhibir el moho. También puede inhibir patógenos bacterianos (por ejemplo, S. aureus, Salmonella).

- Sorbatos, que incluyen ácido sórbico, y sorbatos de sodio y potasio. Los sorbatos se utilizan principalmente para inhibir la levadura y el moho. También puede inhibir patógenos bacterianos (por ejemplo, E. coli O157:H7, L. monocytogenes).

- Los sulfitos, como el dióxido de azufre, se utilizan en una variedad de productos que incluyen jugo de limón, mariscos, verduras, melaza, vinos, frutas secas y jugos de frutas. Los sulfitos se utilizan principalmente como antioxidantes, pero también tienen propiedades antimicrobianas.

5.10 Deshidratación / Secado

La deshidratación es la reducción del contenido de agua de los alimentos por acción del calor artificial. Esto se consigue introduciendo el alimento en una cámara de microclima controlado. En esta cámara se alteran las condiciones naturales creando un ambiente de temperatura, presión y humedad con la que obtenemos la evaporación del agua que posee el alimento

La deshidratación (que reduce la actividad del agua) es uno de los métodos más antiguos de conservación de alimentos.

Los métodos principales de deshidratación como control de procesos son los siguientes:

- **Liofilización** es la reducción del contenido de agua de los alimentos mediante congelación y sublimación de aquélla. En la liofilización se elimina el agua de un alimento congelado aplicando sistemas de vacío. El hielo, al vacío y a temperatura inferior a -30 grados, pasa del estado sólido al gaseoso sin pasar por el estado líquido. Es la técnica que menos afecta al valor nutricional del alimento.

- **Secado forzado al aire** utilizada para alimentos sólidos como verduras y frutas.

- **Secado por pulverización** utilizada para líquidos y semilíquidos como la leche.

Los productos deshidratados / secos generalmente se consideran estables en el estante debido a su baja actividad de agua (a_w) y, por lo tanto, a menudo se almacenan y distribuyen sin refrigeración.

Ejemplos de productos alimenticios deshidratados/secos estables incluyen leche en polvo, bebidas en polvo, pasta y guisantes y frijoles secos.

Si utiliza deshidratación/secado como control del proceso, debe seleccionar un material de embalaje que evite la rehidratación del producto en las condiciones esperadas de almacenamiento y distribución. Además, los cierres de paquetes de productos terminados deben estar libres de defectos graves que podrían exponer el producto a la humedad durante su almacenamiento y distribución.

5.11 Pulsos eléctricos de alto voltaje o de alta intensidad

Consiste en la aplicación de una corriente eléctrica en forma de pulsos muy breves a través de un alimento colocado entre dos electrodos. Es un proceso no térmico, ya que los alimentos tratados se mantienen a temperatura ambiente, o en todo caso a temperaturas inferiores a las de pasteurización del alimento. Por ello los alimentos tratados por esta tecnología tienen unas propiedades sensoriales y nutritivas más parecidas a las del producto fresco. Los pulsos eléctricos provocan la destrucción de la membrana celular de los microorganismos por electroporación sin un aporte significativo de calor

5.12 Ingredientes

Un ingrediente alimentario (como un aditivo alimentario, un aditivo de color o una sustancia aceptada como segura) puede ser un peligro químico si se agrega por encima de un nivel máximo de uso, independientemente de si el nivel máximo de uso se establece debido a la intolerancia alimentaria (como para los sulfitos) o es una condición para el uso seguro de un aditivo alimentario. aditivo de color, o sustancia aceptada como segura.

Las estrategias de control para prevenir la formulación incorrecta de los ingredientes alimentarios generalmente incluyen la gestión de recetas para garantizar que no se agreguen cantidades excesivas.

5.13 Dióxido de carbono supercrítico

Este tratamiento incluye el CO_2 líquido, el CO_2 supercrítico y el CO_2 altamente presurizado (high pressurised carbon dioxide, HPCD) y cuenta con unas propiedades muy atractivas como método de conservación de alimentos por su elevada capacidad antimicrobiana, su actividad frente a enzimas alterantes, su baja toxicidad y su fácil eliminación -basta con despresurizar.

5.14 Ozono

Frente a los agentes desinfectantes tradicionales (cloro, dióxido de cloro, clorito sódico, hipoclorito sódico, hipoclorito cálcico, ácido peroxiacético), la ozonización ha demostrado reducir los recuentos de los microorganismos alterantes y patógenos más comunes en alimentos. La eficacia de este tratamiento depende del flujo del gas, la concentración, la temperatura, el pH del medio y la presencia de materia orgánica.

5.15 Almacenamiento

La contaminación por hongos toxigénicos durante el almacenamiento y el transporte es causada por un secado inadecuado o una nueva humectación del cultivo por lluvia o condensación. Por lo tanto, los controles efectivos del proceso implican un secado y almacenamiento correctos.

Los factores ambientales más críticos que determinan si un producto agrícola crudo favorecerá el crecimiento de moho durante su almacenamiento son la temperatura, el contenido de humedad y el tiempo, y cada uno de estos parámetros puede manipularse y controlarse para administrar la prevención del crecimiento de moho en un producto agrícola crudo.

El principal control del proceso para la prevención del crecimiento de moho en condiciones de almacenamiento es el control de la humedad.

Aunque el almacenamiento a baja temperatura puede ayudar a controlar el crecimiento de moho en algunas condiciones, el almacenamiento a gran escala de productos agrícolas crudos generalmente se lleva a cabo en estructuras que no proporcionan baja temperatura y, por lo tanto, el almacenamiento a baja temperatura generalmente no es una medida de control para el moho durante el almacenamiento de productos agrícolas crudos.

5.16 Detección y exclusión de peligros físicos

Los peligros ocasionados por la presencia de fragmentos de metal y vidrio en un alimento se controlan mediante su detección y exclusión.

5.16.1 Detección y exclusión de fragmentos de metal

Los peligros ocasionados por la presencia de fragmentos de metal en un alimento puede controlarse mediante el uso de técnicas de separación física (como imanes, tamices, pantallas o tanques de flotación), mediante el uso de dispositivos electrónicos o de detección de metales de rayos X, y mediante la inspección regular de equipos en riesgo para detectar signos de daño.

La eficacia de las técnicas de separación física depende del estado físico del producto. Es más probable que estas medidas sean efectivas en líquidos, polvos y productos similares en los que el fragmento de metal no se incrustará.

Los dispositivos de rayos X también se pueden utilizar para la detección de metales y no metales como fragmentos de vidrio o plástico.

5.16.2   Detección y exclusión de fragmentos de vidrio

Los fragmentos de vidrio se pueden introducir en los alimentos siempre que el procesamiento implique el uso de recipientes de vidrio. Los métodos normales de manipulación y embalaje, especialmente los métodos mecanizados, pueden provocar roturas.

La ingestión de fragmentos de vidrio puede causar lesiones al consumidor.

Medidas para evitar que el vidrio entre en sus productos alimenticios incluyen:

- Revisar periódicamente las áreas de procesamiento y el equipo para detectar roturas de vidrio.

- Limpiar los envases vacíos antes de llenar en el paquete del producto

La presencia de fragmentos de vidrio en el alimento puede detectarse utilizando dispositivos de rayos X.

6   Anexo

6.1 Formularios del APPCC / HACCP

6.1.1 Formulario FO-SGIA-001001

FO-SGIA-001001 EQUIPO DE INOCUIDAD ALIMENTARIA		
Fecha	Registro #	Página #
Nombre	Área funcional	Role
Aprobado por (nombre, área funcional, firma y fecha):		

6.1.2Formulario FO-SGIA-001002

FO-SGIA-001002 PROGRAMAS PRERREQUISITOS					
Fecha		**Registro #**		**Página #**	
PPRs		**Documentación**			
Diseño instalaciones		PNT-SGIA-006 Diseño de instalaciones y equipo.			
Limpieza y desinfección		PNT-SGIA-007 Limpieza y desinfección.			
Control del agua		PNT-SGIA-0010 Control del suministro y uso agua.			
Higiene personal		PNT-SGIA-008 Higiene personal.			
Control de plagas		PNT-SGIA-009 Control de plagas.			
Control de residuos		PNT-SGIA-0011 Gestión de loa residuos.			
Control de la contaminación física		PNT-SGIA-0011 Control de la contaminación física.			
Mantenimiento		PNT-SIG-032 Mantenimiento de equipos de trabajo.			
Alérgenos		PNT-SGIA-0013 Control de alérgenos.			
Trazabilidad		PNT-SIG-025 Identificación y trazabilidad.			
Realizado por (nombre, área funcional, firma, y fecha)					
Aprobado por (nombre, área funcional, firma, y fecha)					

6.1.3Formulario FO-SGIA-001003

FO-SIG-001003 ESPECIFICACIONES DE MATERIA PRIMA			
Fecha		**Registro #**	**Página #**
Nombre materia prima:			
Código materia prima:			

Especificaciones Fisicoquímicas	
Parámetro	**Rango de Valores Aceptables**

Especificaciones Microbiológicas	
Parámetro	**Rango de Valores Aceptables**

Especificaciones Organolépticas	
Parámetro	**Rango de Valores Aceptables**

Alérgenos	
Alérgeno	**Rango de Valores Aceptables**

FO-SIG-001003 ESPECIFICACIONES DE MATERIA PRIMA	
Especificaciones de Envasado	
Parámetro	**Rango de Valores Aceptables**
Especificaciones de Embalaje	
Parámetro	**Rango de Valores Aceptables**
Especificaciones de Etiquetado	
Parámetro	**Rango de Valores Aceptables**
Condiciones de Conservación y Almacenamiento	
Parámetro	**Rango de Valores Aceptables**
Condiciones de Transporte	
Parámetro	**Rango de Valores Aceptables**

FO-SIG-001003 ESPECIFICACIONES DE MATERIA PRIMA	
Uso Previsto	
Verificación	
Parámetro	**Rango de Valores Aceptables**
Preparado por (Nombre, firma, y fecha):	**Aprobado por** (Nombre, firma, y fecha):

6.1.4Formulario FO-SGIA-001004

FO-SGIA-001004 DESCRIPCIÓN DE PRODUCTO Y USOS PREVISTOS					
Fecha		**Registro #**		**Página #**	

1. Producto

2. Descripción

3. Ingredientes

4. Envase

4.1. Envase primario

4.2. Envase secundario

5. Uso previsto

5.1. Consumidor potencial

5.2. Grupo vulnerable

5.3. Forma de consumo

6. Etiqueta

7. Almacenamiento

8. Vida útil

9. Condiciones de transporte

Cumplimentado por (nombre, área funcional, firma y fecha)

Cumplimentado por (nombre, área funcional, firma y fecha)

6.1.5Formulario FO-SGIA-001005

FO-SGIA-001005 DIAGRAMA DE FLUJO		
Fecha	**Registro #**	**Página #**
PRODUCTO		
PROCESO		
DIAGRAMA DE FLUJO DEL PROCESO		
ETAPA	**ENTRADAS**	**SALIDAS**

FO-SGIA-001005 DIAGRAMA DE FLUJO					
Fecha		**Registro #:**		**Página #**	
PRODUCTO					
PROCESO					
DIAGRAMA DE FLUJO DEL PROCESO					
Realizado por (nombre, firma, y fecha):					
Verificado por (nombre, firma, y fecha):					

6.1.6Formulario FO-SGIA-001006

FO-SGIA-001006 DESCRIPCIÓN DEL PROCESO					
Fecha		**Registro #:**		**Página #**	
PRODUCTO					
PROCESO					
DESCRIPCIÓN DEL PROCESO					

FO-SGIA-001006 DESCRIPCIÓN DEL PROCESO					
Fecha		Registro #:		Página #	
PRODUCTO					
PROCESO					
ENTORNO DEL PROCESO					

6.1.7 Formulario FO-SGIA-001007

FO-SGIA-001007-Identificación de peligros

Fecha:	Registro #:	Página #:
Proceso:		

ETAPA		PELIGRO					
#	Etapa	#	Peligro	Tipo	Causa	Consecuencia	Nivel aceptable

6.1.8Formulario FO-SGIA-001008

FO-SGIA-001008 Evaluación de peligros								
Fecha		Registro #		Página #				
ETAPA			PELIGRO					
#	Etapa	Proceso	#	Peligro	Probabilidad	Gravedad	Nivel de riesgo	

6.1.9Formulario FO-SGIA-001009

FO-SGIA-001009 Medidas de control						
Fecha		Registro #		Página #		
Proceso						
#	ETAPA	#	PELIGRO	#	MEDIDA DE CONTROL	
	Etapa		Peligro		Medida de control	Categorización	Límite crítico Criterio de acción

6.1.10   Formulario FO-SGIA-001010

FO-SGIA-001010 VALIDACIÓN MEDIDA DE CONTROL					
Fecha		**Registro #**		**Página #**	
Producto					
Proceso					
Etapa					
Medida de control					
Peligro					
Nivel de peligro aceptable					
Nivel de peligro antes de la medida de control					
Nivel de peligro después de la medida de control					
Eficacia de la medida de control					
Resultado de la validación de la medida de control					
Validado por (nombre, firma y fecha)					

6.1.11   Formulario FO-SGIA-001011

FO-SGIA-001011 PLANIFICACIÓN DEL SISTEMA DE APPCC	
Fase del Plan de APPCC	**Documentación**
Creación del equipo de APPCC / HACCP.	
Establecimiento de los programas de prerrequisitos (PPRs).	
Descripción de las materias primas, ingredientes y materiales en contacto con el producto.	
Descripción y uso previsto del producto.	
Diagramas de flujo de los procesos de producción.	
Descripción de los procesos de producción y su entorno.	
Análisis de peligros.	
Determinación de los puntos críticos de control (PCC).	
Medidas de control.	
Validación de las medidas de control y combinaciones de medidas de control.	
Plan de control de peligros (plan HACCP/PPRO).	
Control del seguimiento y la medición.	
Verificación de los PPRs y del plan de control de peligros.	
Revisión y actualización de los PPRs y del plan de control de peligros.	
Documentación del APPCC / HACCP	
Realizado por (nombre, área funcional, firma, y fecha)	
Aprobado por (nombre, área funcional, firma, y fecha)	

Fecha | Registro # | Página #

6.1.12   Formulario FO-SGIA-001012

FO-SGIA-001012 Verificación de los PPRs y del plan de control de peligros				
Fecha	Proceso	Registro #	Plan de control de peligros	Página #
Qué se verifica	Cómo se verifica	Información documentada revisada	Resultado de la verificación	Verificado por

6.1.13　Formulario FO-SGIA-001013

FO-SIG-001013 REVISIÓN DE LOS PPRs Y DEL PLAN DE CONTROL DE PELIGROS				
Fecha		**Registro #**		**Página #**
DATOS DE ENTRADA. Información para la Revisión.				
PPRs				
Plan de control de peligros				
Datos de Entrada			**Documentos Revisados**	
Realizado por (nombre, firma y fecha)				

FO-SIG-001013 REVISIÓN DE LOS PPRs Y DEL PLAN DE CONTROL DE PELIGROS				
Fecha		**Registro #**		**Página #**
DATOS DE SALIDA. Resultados la Revisión.				
PPRs				
Plan de control de peligros				
Datos de Entrada		**Documentos Revisados**		
Realizado por (nombre, firma y fecha):				

6.1.14   Formulario FO-SGIA-001014

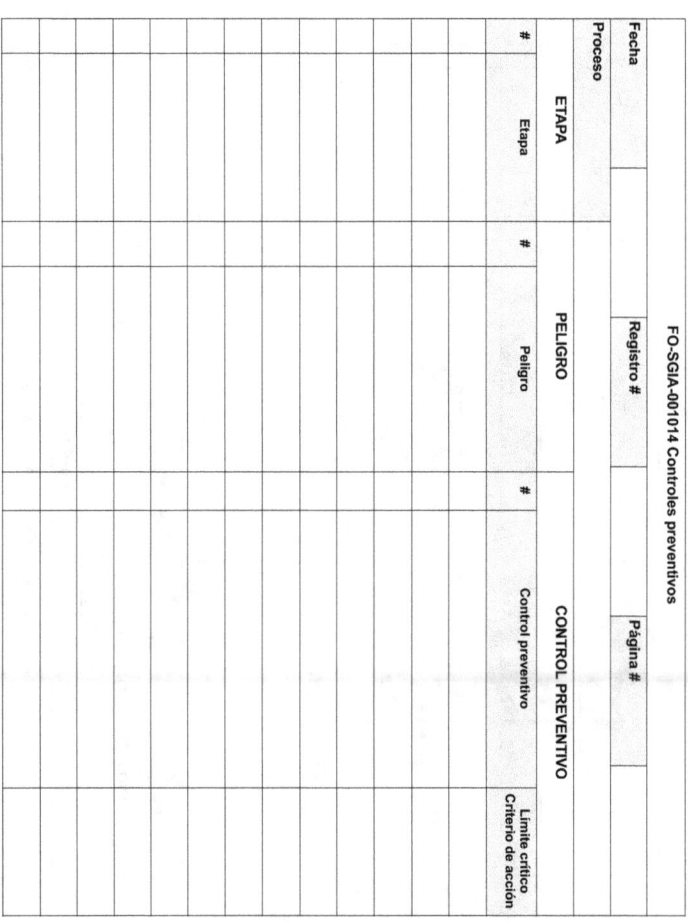

FO-SGIA-001014 Controles preventivos						
Fecha		Registro #		Página #		
Proceso						
#	Etapa	#	Peligro	#	Control preventivo	Límite crítico Criterio de acción
	ETAPA		PELIGRO		CONTROL PREVENTIVO	

227

6.1.15   Formulario FO-SGIA-001015

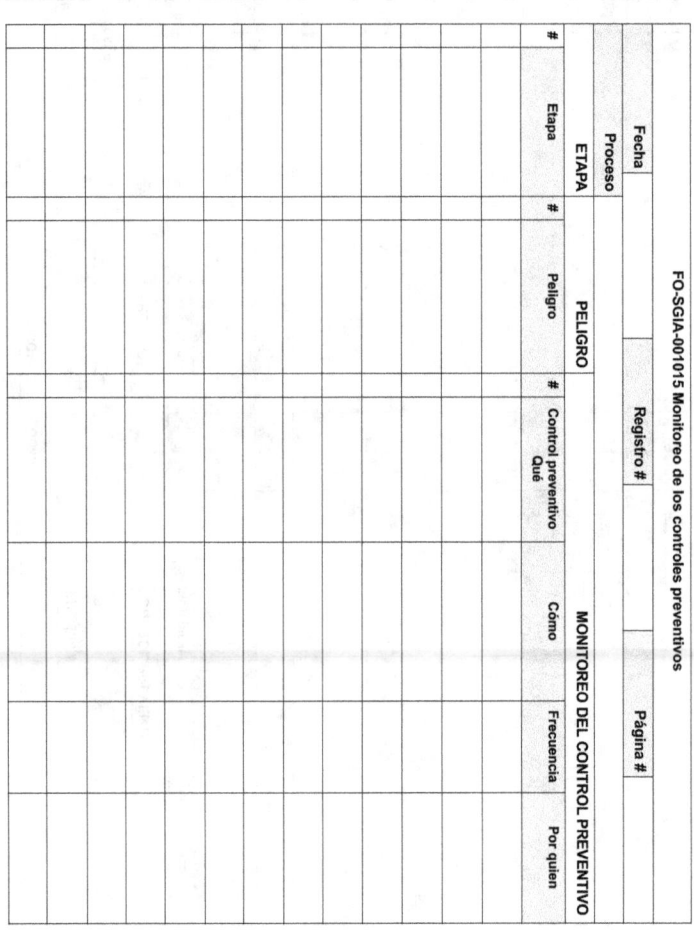

FO-SGIA-001015 Monitoreo de los controles preventivos

Fecha		Registro #		Página #

#	Etapa	#	Peligro	#	Control preventivo Qué	Cómo	Frecuencia	Por quien
	ETAPA		PELIGRO			MONITOREO DEL CONTROL PREVENTIVO		
Proceso								

6.1.16   Formulario FO-SGIA-001016

FO-SGIA-001016 Correcciones y acciones correctivas

Fecha		Registro #		Página #	
Proceso					

ETAPA		PELIGRO		CONTROL PREVENTIVO		MONITOREO	CORRECCIÓN
#	Etapa	#	Peligro	#	Control preventivo	Límite crítico / Criterio de acción	Monitoreo	Corrección / Acción correctiva

6.1.17   Formulario FO-SGIA-001017

FO-SGIA-001017 Verificación de los controles preventivos								
Fecha		Registro #		Página #				
#	ETAPA		#	PELIGRO		#	CONTROL PREVENTIVO	VERIFICACIÓN
	Proceso	Etapa		Peligro			Control preventivo	Verificación

6.1.18   Formulario FO-SGIA-001018

FO-SGIA-001018 Validación de los controles preventivos			
Fecha	Registro #		Página #

#	ETAPA	#	PELIGRO	#	CONTROL PREVENTIVO	VALIDACIÓN
	Proceso / Etapa		Peligro		Control preventivo	Validación

6.2 Árbol de decisión para identificar los PCCs

Para identificar los PCCs utilizar el siguiente árbol de decisión:

P1: ¿Puede mantenerse el peligro significativo en un nivel aceptable en esta etapa con un programa de prerrequisito PPR?

Considérese la importancia del peligro (es decir, la probabilidad de que aparezca en caso de que no exista un control y la gravedad de los efectos del peligro) y si podría controlarse en suficiente medida con programas de prerrequisitos, como las BPH. Las BPH pueden ser rutinarias o requerir una mayor atención para controlar el peligro (p. ej., vigilancia y registro).

R1: Si → No es un PCC.

R1: No → Continuar en P2.

P2: ¿Hay medidas de control específicas en esta etapa para controlar el peligro significativo detectado?

R2: Si → Continuar en P3.

R2: No → No es un PCC. Evaluar las etapas posteriores para determinar si existe un PCC.

Si no se determina la existencia de un PCC en las preguntas 2 a 4, el proceso o producto debe modificarse para aplicar una medida de control y ha de llevarse a cabo un nuevo análisis de peligros

P3: ¿En una etapa posterior puede implementarse una medida de control que prevendrá o eliminará el peligro significativo detectado o lo reducirá a un nivel aceptable?

R3: Si → La etapa posterior debe ser un PCC:

R3: No → Continuar en P4.

P4: ¿En esta etapa existe una medida de control que prevendrá o eliminará el peligro significativo detectado o lo reducirá a un nivel aceptable?

Considérese si la medida de control en esta fase funciona en combinación con una medida de control en otra fase para controlar el mismo peligro, en cuyo caso ambas fases deben considerarse PCC.

R4: Si → PCC.

R4: No → Modificar la etapa, el proceso o el producto para poder aplicar una medida de control. Vuélvase al comienzo del árbol de decisiones tras un nuevo análisis de peligros.

COMUNICACIÓN DE LA COMISIÓN EUROPEA. sobre la aplicación de sistemas de gestión de la seguridad alimentaria que contemplan buenas prácticas de higiene y procedimientos basados en los principios del APPCC, especialmente la facilitación/flexibilidad respecto de su aplicación en determinadas empresas alimentarias (2022/C 355/01).

6.3 Categorización de las medidas de control según el nivel de riesgo

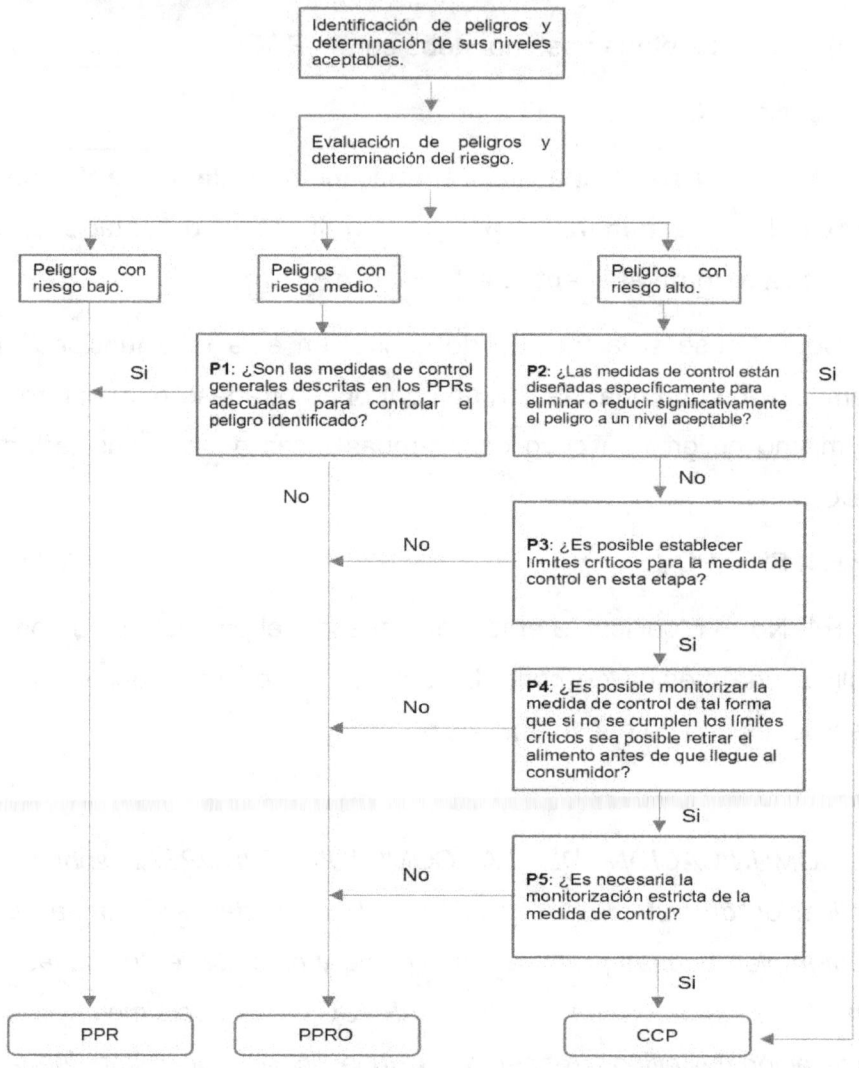

Categorización de las medidas de control según el nivel de riesgo.

Método COMECAT

6.4 Condiciones limitantes para el crecimiento de patógenos

Patógeno	a_w Valor mínimo (utilizando sal)	pH	% sal en fase acuosa Valor máximo	Rango de temperatura	Requerimientos de oxígeno
Bacillus cereus	0,92	4,3 a 9,3	10	4°C (39,2°) a 55°C (131°F)	Anaerobio facultativo
Campylo-bacter jejuni	0,987	4,9 a 9,5	1,7	30°C (86°F) a 45°C (113°F)	Microaerófilo
Clostridium botulinum, type A, and proteolytic types B and F	0,935	4,6 a 9	10	10°C (50°F) a 48°C (118,4°F)	Anaerobio
Clostridium botulinum, type E, and non-proteolytic types B and F	0,97	5 a 9	5	3,3°C (37,9°F) a 5°C (113°F)	Anaerobio
Clostridium perfringens	0,93	5 a 9	7	10°C (50°F) a 52°C (125,6°F)	Anaerobio
Pathogenic strains of Escherichia coli	0,95	4 a 10	6,5	6,5°C (3,7°F) a 49,4°C (120,9°F)	Anaerobio facultativo
Listeria monocyto-genes	0,92	4,4 a 9,4	10	-0,4°C (31,3°F) a 45°C (113°F)	Anaerobio facultativo
Salmonella spp.	0,94	3,7 a 9,5	8	5,2°C (41,4°F) a 46,2°C (115,2°F)	Anaerobio facultativo
Shigella spp.	0,96	4,8 a 9,3	5,2	6,1°C (43°F) a 47,1°C (116,8°F)	Anaerobio facultativo
Staphylo-coccus aureus growth	0,83	4 a 10	20	7°C (44,6°F) a 50°C (122°F)	Anaerobio facultativo

Patógeno	a_w valor mínimo (utilizando sal)	pH	% sal en fase acuosa valor máximo	Min. Temp.	Requisitos de oxígeno
Staphylo-coccus aureus toxin formation	0.85	4 a 9,8	10	10°C (50°F) a 48°C (118°F)	Anaerobio facultativo
Vibrio cholerae	0,97	5 a 10	6	10°C (50°F) a 43°C (109,4°F)	Anaerobio facultativo
Vibrio parahaemo-lyticus	0,94	4,8 a 11	10	5°C (41°F) a 45,3°C (113,5°F)	Anaerobio facultativo
Vibrio vulnificus	0,96	5 a 10	5	8°C (46,4°F) a 43°C (109,4°F)	Anaerobio facultativo
Yersinia enterocoliti-ca	0,945	4,2 a 10	7	-1,3°C (29,7°F) a 42°C (107,6°F)	Anaerobio facultativo

6.5 Aplicación de controles preventivos comunes a los peligros biológicos relacionados con los ingredientes y los proceso

Control preventivo	Procedimientos, prácticas y procesos comunes	Efectividad frente a los patógenos bacterianos formadores de esporas	Efectividad frente a los patógenos bacterianos vegetativos	Efectividad frente a las toxinas bacterianas	Efectividad frente a los parásitos
Control del proceso. Tratamientos letales	Tratamiento térmico (por ejemplo, cocinar, asar, hornear).	No elimina las esporas de las bacterias patógenas.	Elimina las células vegetativas de las bacterias patógenas.	No elimina la toxina preformada de S. aureus y la toxina emética de B. cereus.	Inactivará los parásitos que se encuentran en los alimentos. Los tiempos y temperaturas específicos dependen del parásito, la matriz alimentaria y el proceso utilizado.
Control del proceso. Tratamientos letales	Irradiación, ionización.	Las dosis aprobadas en los EE.UU. no eliminarán las esporas de patógenos bacterianos en la mayoría de los alimentos.	Elimina las células vegetativas de las bacterias patógenas.	No elimina la toxina preformada de S. aureus y la toxina emética de B. cereus.	Usos limitados para el control de parásitos. Dependiendo de la dosis, los usos aprobados para los patógenos transmitidos por los alimentos pueden inactivar los parásitos que se encuentran en los alimentos.
Control del proceso. Tratamientos letales.	Fumigación antimicrobiana, por ejemplo, óxido de propileno (PPO) u óxido de etileno (ETO).	No elimina las esporas de las bacterias patógenas.	Determinados tratamientos con PPO reducen la *Salmonella* en 5 logaritmos en ciertos alimentos	Desconocido el efecto. Pero improbable que tenga efecto sobre la toxina preformada de S. aureus y la toxina emética de B. cereus.	El ozono inactiva determinados parásitos (por ejemplo, ooquistes de C. parvum).

Control preventivo	Procedimientos, prácticas y process comunes	Efectividad frente a los patógenos bacterianos formadores de esporas	Efectividad frente a los patógenos bacterianos vegetativos	Efectividad frente a las toxinas bacterianas	Efectividad frente a los parásitos
Tratamientos leales.	Altas presiones hidrostáticas (HPP).	No elimina las esporas de las bacterias patógenas.	Elimina las células vegetativas de las bacterias patógenas.	No elimina la toxina preformada de S. aureus y la toxina enética de B. cereus.	Eliminará los gusanos parásitos de *Trichinella spiralis* a > 200 MPa durante 10 min • No hay infectividad de los ooquistes de *Cryptosporidium* cuando se tratan con HPP a 5.5X108 Pa (80,000 psi) durante 60 segundos en jugo de manzana y naranja
Control del proceso.	Refrigeración.	Controla la multiplicación de las bacterias patógenas formadoras de esporas.	Dependiendo de la temperatura, inhibirá el crecimiento de muchos patógenos. *L. monocytogenes* y algunas cepas de B. cereus pueden crecer a temperaturas de refrigeración.	Evitará la formación de toxinas de S. aureus. Dependiendo de la temperatura, evitará la formación de toxinas de B. cereus. No tendrá ningún efecto sobre las toxinas preformadas.	Falta información sobre las resistencias a la presión de otros parásitos
Control del tiempo de exposición a una temperatura determinada.					Información escasa. En general, no es aplicable a los parásitos porque los parásitos no crecen en los alimentos.

239

Control preventivo	Procedimientos, prácticas y procesos comunes	Efectividad frente a los patógenos bacterianos formadores de esporas	Efectividad frente a los patógenos bacterianos vegetativos	Efectividad frente a las toxinas bacterianas	Efectividad frente a los parásitos
Control del proceso. Control del tiempo de exposición a una temperatura determinada	Congelación.	Se utiliza para controlar el crecimiento de patógenos bacterianos formadores de esporas, pero las esporas sobrevivirán bien a la congelación	La congelación impide impide el crecimiento de células vegetativas de patógenos. Dependiendo de la temperatura, el número de algunos patógenos puede reducirse con el tiempo; Sin embargo, no puede contar con la congelación para eliminar patógenos, y muchos pueden sobrevivir durante un tiempo prolongado.	La congelación que impide el crecimiento evitará la formación de toxinas de S. aureus y B. cereus, pero no tendrá ningún efecto sobre las toxinas preformadas.	Existen determinados rangos de tiempo y temperatura que inactivan los parásitos; Se sabe que Cyclospora es al menos algo resistente a la congelación porque se produjo un brote atribuido a las frambuesas en la torta que se congeló previamente a aproximadamente -3,3°C (26°F).
Control del proceso. Formulación.	Control de la actividad del agua.	La reducción de la actividad del agua (por ejemplo, agregando solutos como el azúcar y la sal) a 0,92 o menos inhibirá el crecimiento de las esporas.	La reducción de la actividad del agua (por ejemplo, agregando solutos como azúcar y sal) a 0,85 o menos inhibirá el crecimiento de células vegetativas de patógenos.	La actividad del agua que impide el crecimiento evitará la formación de toxinas de S. aureus y B. cereus, pero no tendrá ningún efecto sobre las toxinas preformadas.	Información escasa. En general, no es aplicable a los parásitos porque los parásitos no crecen en los alimentos.

Control preventivo	Procedimientos, prácticas y procesos comunes	Efectividad frente a los patógenos bacterianos formadores de esporas	Efectividad frente a los patógenos bacterianos vegetativos	Efectividad frente a las toxinas bacterianas	Efectividad frente a los parásitos
Control del proceso. Formulación.	Acidificación.	Bajar el pH mediante la adición de ácido puede inhibir la germinación de las esporas, no eliminará las esporas.	Impide el crecimiento de las células vegetativas de las bacterias patógenas pero no las elimina.	Un pH que impide el crecimiento evitará la formación de toxinas de S. aureus y B. cereus pero no tendrá ningún efecto sobre las toxinas preformadas.	No hay información para su uso como control en alimentos.
Control del proceso. Formulación.	Aditivos.	No eliminará las esporas de patógenos bacterianos, pero puede prevenir la germinación de esporas de ciertas especies.	Algunos aditivos impiden el crecimiento de las células vegetativas de las bacterias patógenas y hongos.	Un aditivo que impide el crecimiento evitará la formación de toxinas de S. aureus y B. cereus pero no tendrá ningún efecto sobre las toxinas preformadas.	No hay información para su uso como control en alimentos.
Control del proceso. Deshidratación.	Secado al aire.	No eliminará las esporas de patógenos bacterianos, pero limita o inhibe el crecimiento.	Puede inactivar algunos patógenos, aunque otros (por ejemplo, Salmonella) pueden sobrevivir al secado durante tiempos bastante largos.	Secado que impide el crecimiento evitará la formación de toxinas de S. aureus y B. cereus pero no tendrá ningún efecto sobre las toxinas preformadas.	No hay información para su uso como control en alimentos.

6.6 Glosario

Acción correctiva. *Acción tomada para eliminar la causa de una no conformidad detectada u otra situación indeseable. ISO 22000:2018.*

La acción correctiva incluye el análisis de las causas de la no conformidad.

Puede haber más de una causa para una no conformidad.

Acción preventiva. Acción tomada para eliminar la causa de una no conformidad potencial u otra situación potencialmente indeseable.

Actividad del agua (a$_w$) es una medida de la humedad libre en un alimento y es el cociente de la presión del vapor de agua del alimento dividido por la presión de vapor del agua pura a la misma temperatura.

Aditivos para piensos. *Sustancias, microorganismos y preparados distintos de materiales primas para piensos y premezclas, que se añaden intencionadamente a los alimentos o al agua, a fin de realizar, en particular, una o más de las siguientes funciones. (Reglamento (CE) n° 1831/2003)*

- Influir positivamente en las características de los piensos;

- Influir positivamente en las características de los productos de origen animal;

- Influir favorablemente en el color de los peces y aves ornamentales;

- Satisfacer las necesidades nutricionales de los animales;

- Influir positivamente en las consecuencias ambientales de la producción animal;

- Influir positivamente en la producción animal, el rendimiento o el bienestar, especialmente actuando en la flora gastrointestinal o la digestibilidad de los piensos, o Tener un efecto coccidiostático o histonostático.

Agente zoonótico es cualquier virus, bacteria, hongo, parásito u otro agente biológico que pueda causar una zoonosis.

Alérgeno es toda sustancia que puede ocasionar una reacción alérgica.

Alimento. *Incluye: (1) artículos utilizados para alimentos o bebidas para el hombre u otros animales, (2) goma de mascar y (3) artículos utilizados para componentes de cualquier artículo de este tipo e incluye materias primas e ingredientes*. 21 CFR 117.3.

Alimentos (o productos alimenticios) cualquier sustancia o producto destinados a ser ingeridos por los seres humanos o con probabilidad razonable de serlo, tanto si han sido transformados entera o parcialmente como si no.

«Alimento» incluye las bebidas, la goma de mascar y cualquier sustancia, incluida el agua, incorporada voluntariamente al alimento durante su fabricación, preparación o tratamiento.

«Alimento» no incluye: los piensos; los animales vivos, salvo que estén preparados para ser comercializados para consumo humano; las plantas antes de la cosecha; los medicamentos; los cosméticos; el tabaco y los productos del tabaco; las sustancias estupefacientes o psicotrópicas; los residuos y contaminantes. (Reglamento (CE) n° 178/2002).

Alimento acidificado. **Acidified food**. *Alimento con bajo contenido de ácido a los que se agregan ácidos o alimentos ácidos. Tienen una actividad del agua (a_w) superior a 0,85 y tienen un pH de equilibrio final de 4,6 o inferior.* 21 CFR part 114.

Alimento listo para comer. Ready to eat food (RTE). *Cualquier alimento que normalmente se come en su estado crudo o cualquier otro alimento, incluido un alimento procesado, para el cual es razonablemente previsible que el alimento se comerá sin procesamiento adicional que minimice significativamente los peligros biológicos.* 21 CFR 117.3.

Alimento de baja acidez. **Low acid food**. *Cualquier alimento, distinto de las bebidas alcohólicas, con un pH de equilibrio final superior a 4,6 y una actividad del agua (a_w) superior a 0,85. Los tomates y los productos de tomate que tienen un pH de equilibrio final inferior a 4,7 no se clasifican como alimentos de baja acidez.* 21 CFR part 113.

Análisis de peligros. Proceso de recopilación y evaluación de información sobre los peligros y las condiciones que los originan para decidir cuáles son importantes para la inocuidad de los alimentos y, por lo tanto, planteados en el sistema de análisis de peligros y puntos de control crítico.

Árbol de decisiones. Secuencia lógica de preguntas y respuestas que permiten tomar una decisión objetiva sobre una cuestión determinada.

Autocontrol. Conjunto de métodos y procedimientos que deben aplicar las personas titulares de las empresas alimentarias para garantiza la inocuidad y salubridad de los productos que elaboran.

Cadena de frío. Mantenimiento uniforme de las condiciones de temperatura necesarias según el producto desde su elaboración hasta su consumo.

Compuestos organoclorados. Cualquier sustancia o mezcla de ellas utilizadas para prevenir o controlar plantas o animales indeseables e incluso aquellas otras destinadas a utilizarse como regulador del crecimiento de la planta, defoliante o desecante.

Consumidor final. Consumidor último de un producto alimenticio que no empleará dicho alimento como parte de ninguna operación o actividad mercantil en el sector de la alimentación.

Contaminantes orgánicos. También conocidos por sus siglas en ingles, POPs (Persistent Organic Pollutans) son un conjunto de sustancias químicas que persisten en el medio ambiente, se bioacumulan en la cadena alimentaria y suponen un riesgo de causar efectos adversos a la salud humana y al medio ambiente.

Control preventivo. *Procedimiento, práctica y proceso razonablemente apropiado basado en el riesgo empleado minimizar o prevenir significativamente los peligros identificados en el análisis de peligros que son consistentes con la comprensión científica actual de la fabricación, procesamiento, envasado o almacenamiento seguro de alimentos en el momento del análisis.* 21 CFR 117.3.

Corrección. *Acción para eliminar una no conformidad detectada. ISO 22000:2018.*

Una corrección puede ser, por ejemplo, reprocesado, procesado posterior, y/o eliminación de las consecuencias adversas de la no conformidad.

Una corrección incluye la manipulación de productos potencialmente no inocuos, y por lo tanto puede efectuarse conjuntamente con una acción correctiva.

Diagrama de flujo. Representación sistemática de la secuencia de fases, etapas u operaciones llevadas a cabo en la producción o elaboración de un determinado alimento.

D_{10}. Cantidad de radiación requerida para reducir la población de un microorganismo específico en un 90% (1 $\log_{10}$) en las condiciones establecidas.

Dosis (absorbida) es la cantidad de energía absorbida por unidad de masa de material irradiado.

Electronvoltio (eV) es una unidad de energía que representa la variación de energía que experimenta un electrón al moverse desde un punto de potencial Va hasta un punto de potencial Vb cuando la diferencia Vba = Vb-Va = 1 V, es decir, cuando la diferencia de potencial del campo eléctrico es de 1 voltio. Su valor es $1,602\,176\,634 \times 10^{-19}$ J.

Espora bacteriana o endospora. Estructura que contiene el material genético de la bacteria y que resisten largos periodos sin agua ni nutrimentos, en condiciones de calor o frío extremo.

Exospora. Espora asexual que se desprende de la célula madre mediante la formación de un tabique, producida por hongos y algas.

Fermentación. Forma de obtener energía mediante el metabolismo sencillo de azucares en el que se descompone en otras sustancias más sencillas y dióxido de carbono en forma de gas.

Gray (Gy) es la absorción de un julio de energía de radiación por kilogramo de materia.

Gravedad. Severidad de las consecuencias para la salud debidas a la exposición a un peligro.

Huevos. *Los huevos de gallina con cáscara aptos para el consumo humano en estado natural o para la utilización por industrias de la alimentación, con exclusión de los huevos rotos, los huevos incubados y los huevos cocidos.* Reglamento (CE) núm. 1907/90.

Límite crítico. Criterio que diferencia la aceptabilidad de la inaceptabilidad del proceso en una etapa determinada.

Límite crítico. Critical limit (CL). *Valor máximo y/o mínimo al que se debe controlar un parámetro biológico, químico o físico para prevenir, eliminar o reducir a un nivel aceptable la aparición de un peligro para la inocuidad de los alimentos.* 21 CFR 117.3.

Limpieza *in situ* (CIP). *Sistema utilizado para limpiar tuberías de proceso, contenedores, tanques, equipos de mezcla, o equipos más grandes sin desmontaje, donde la zona de fabricación interior está completamente expuestas y la suciedad puede ser fácilmente arrastrada por el flujo de la solución de limpieza.* 21 CFR 117.3.

Medida correctora. Acción que se debe adoptar cuando los resultados de la vigilancia en los puntos de control crítico indican pérdida de control del proceso.

Medida preventiva. Cualquier actividad que se puede llevar a cabo para prevenir o eliminar un peligro para la inocuidad de los alimentos o para reducirlo hasta un nivel aceptable.

Metal pesado. Elemento químico no muy bien definido que exhibe propiedades metálicas. Bajo la denominación de metal pesado se incluyen principalmente metales de transición, algunos semimetales, lantánidos y actínidos.

Microorganismos. *Bacterias, mohos, levaduras, virus, protozoos y parásitos microscópicos que son patógenos*. 21 CFR 117.3.

Micotoxinas. Compuestos químicos de bajo peso molecular fruto del metabolismo secundario de los hongos productores de micotoxinas u hongos micotoxígenos bajo condiciones de humedad y temperatura determinadas.

Ovoproductos. *Los productos obtenidos a partir del huevo, de sus diferentes componentes o sus mezclas, una vez quitadas la cáscara y las membranas y que están destinados al consumo humano; podrán estar parcialmente completados por otros productos alimenticios o aditivos; podrán hallarse en estado líquido, concentrado, desecado, cristalizado, congelado, ultracongelado o coagulado*. Real Decreto 1348/1992.

Patógeno. *Microorganismo de importancia para la salud pública*. 21 CFR 117.3.

Patógeno ambiental. *Patógeno capaz de sobrevivir y persistir con el proceso de fabricación, empaque o ambiente de retención de tal manera que los alimentos pueden estar contaminados y pueden resultar en enfermedades transmitidas por los alimentos si esos alimentos se consumen sin tratamiento para minimizar significativamente el patógeno ambienta*l. 21 CFR 117.3.

Peligro. *Agente biológico, químico o físico presente en el alimento o pienso, o bien condición en que éste se halla, que puede causar un efecto adverso para la salud.* (Reglamento (CE) n° 178/2002).

Persona calificada. Persona que tiene la educación, capacitación o experiencia (o una combinación de ellas) necesaria para fabricar, procesar, empacar o mantener alimentos limpios y seguros según corresponda a las tareas asignadas al individuo. Una persona calificada puede ser, pero no está obligado a ser, un empleado del establecimiento. 21 CFR 117.3.

Pienso. *Cualquier sustancia o producto, incluidos los aditivos, destinado a la alimentación por vía oral de los animales, tanto si ha sido transformado entera o parcialmente como si no.* (Reglamento (CE) n° 178/2002).

Plaga. *Cualquier animal o insecto objetable, incluyendo aves, roedores, moscas y larvas.* 21 CFR 117.3.

Plan de seguridad alimentaria (Food safety plan). *Conjunto de documentos escritos que se basa en principios de seguridad alimentaria y incorpora análisis de peligros, controles preventivos y delinea la monitorización, las acciones correctivas, y los* *procedimientos de verificación que deben seguirse, incluido un plan de retirada de producto del mercado. 21 CFR 117.3.*

Programa de prerrequisitos (PPR). *Condiciones y actividades básicas que son necesarias dentro de la organización y a lo largo de la cadena alimentaria para mantener la inocuidad de los alimentos.* ISO 22000.2018.

Programa de prerrequisitos operativos (PPRO). *Medida de control o combinación de medidas de control aplicadas para prevenir o reducir un peligro significativo relacionado con la inocuidad de los alimentos a un nivel aceptable, y donde el criterio de acción y medición u observación permite el control efectivo del proceso y/o producto.* ISO 22000.2018.

Punto de control crítico (PCC).Etapa de un proceso de elaboración de un producto en la que se puede aplicar un control, el cual es esencial para prevenir o eliminar un peligro relacionado con la inocuidad de los alimentos o para reducirlo hasta un nivel aceptable.

Punto térmico mortal (Thermal Death Time, TDT) es la temperatura mínima que mata a todas las bacterias en un tiempo determinado (generalmente 10 min).

Riesgo. *La ponderación de la probabilidad de un efecto perjudicial para la salud y de la gravedad de ese efecto, como consecuencia de un factor de peligro.* (Reglamento (CE) n° 178/2002).

Sanear. Sanitize. *Limpieza de las superficies en contacto con los alimentos para destruir las células vegetativas de patógenos y reducir sustancialmente el número de otros microorganismos indeseables, sin afectar negativamente al alimento o su seguridad para el consumidor.* 21 CFR 117.3.

Superficies en contacto con alimentos. Aquellas superficies que entran en contacto con alimentos humanos y aquellas superficies desde las cuales el drenaje, u otra transferencia, sobre el alimento o sobre superficies que entran en contacto con los alimentos normalmente ocurre durante el curso normal de la operación. "Superficies en contacto con alimentos" incluye utensilios y superficies de contacto con alimentos del equipo. 21 CFR 117.3.

Temperatura interna final del alimento. End-Point Internal Product Temperature (EPIPT). *Medición de la temperatura interna del producto al final del proceso térmico.* 21 CFR 117.3.

Tiempo de reducción decimal (D) es el tiempo requerido para reducir al 10% la densidad de la suspensión, a una determinada temperatura.

Tiempo térmico mortal es el tiempo mínimo requerido para que mueran todas las bacterias de una determinada suspensión a una determinada temperatura.

Trazabilidad. *La posibilidad de encontrar y seguir el rastro, a través de todas las etapas de producción, transformación y distribución, de un alimento, un pienso, un animal destinado a la producción de alimentos o una sustancia destinados a ser incorporados en alimentos o piensos o con probabilidad de serlo.* (Reglamento (CE) nº 178/2002).

Unidad formadora de colonias (UFC; en inglés, CFU, colony-forming unit) es una unidad de medida que se emplea para la cuantificación de microorganismos, es decir, para contabilizar el número de bacterias o células fúngicas (levaduras)1 viables en una muestra líquida o sólida.

Validación. *Obtención de evidencia de que una medida de control o combinación de medidas de control serán capaces de controlar eficazmente el peligro significativo relacionado con la inocuidad de los alimentos*. ISO 22000.2018.

Valor C (valor de cocción) es la letalidad que estima la destrucción de las características organolépticas del producto. Es importante controlar esto para que el alimento no pierda calidad organoléptica (textura, sabor, olor, etc).

Valor D es el tiempo, a una temperatura determinada, para reducir a la décima parte el número de microorganismos.

Valor F (valor esterilizante) es el tiempo que se requiere, a una temperatura determinada, para reducir la población microbiana presente en un alimento hasta un nivel deseado.

Valor Z es la subida o el descenso de la temperatura que permite aumentar o reducir en un 90 % los microorganismos, sobre un objeto determinado en un tiempo concreto.

Verificación. *Confirmación, mediante la aportación de evidencia objetiva, que se han cumplido los requisitos especificados*. ISO 22000.2018.

Zoonosis es la enfermedad o infección que se transmite de los animales al hombre, y viceversa, de una forma directa o indirecta.

6.7 Bibliografía

Anfaco. Cicopesca. Guía sobre los principales parásitos presentes en productos pesqueros: Técnicas de estudio e identificación

APPCC Guía de aplicación ANFABRA.

Bermejo, J. M. et al. Guía de aplicación del sistema APPCC en la industria de zumo de frutas. ASOZUMOS.

BRCGS Normal mundial de seguridad alimentaria. Edición 8.

IFS Food 7. Norma para evaluar el cumplimiento del producto y el proceso en relación a la seguridad alimentaria y la calidad.

ISO 22000: 2018 Sistemas de gestión de la inocuidad de los alimentos — Requisitos para cualquier organización en la cadena alimentaria.

Confederación Española de Fabricantes de Alimentos Compuestos Para Animales - CESFAC. 2011. Manual para el control de las principales sustancias indeseables en la alimentación animal.

Corman Herrera, E. et al. 2012. Guía de prácticas correctas de higiene del hortofrutícola.

FDA. 21 CFR part 113. THERMALLY PROCESSED LOW-ACID FOODS PACKAGED IN HERMETICALLY SEALED CONTAINERS.

FDA. 21 CFR part 114. Acidified foods.

FDA. 2015. Current Good Manufacturing Practice, Hazard Analysis, and Risk Based Preventive Controls for Human Food. 21 Code of Federal Regulations (CFR) part 117 (part 117).

FDA. 2018. Hazard Analysis and Risk-Based Preventive Controls for Human Food: Guidance for Industry. Draft Guidance.

Federació Cooperatives Agroalimentàries de la Comunitat Valenciana.. 2017. Guía de prácticas correctas de higiene para la elaboración y/o envasado de aceite de oliva virgen.

Ferrando Clemente, C, Montoliu Arnau, F. y Zulueta Albelda , A.. 2020. Guía de prácticas correctas de higiene en el sector del pan, bollería pastelería, confitería y repostería. Fedacova.

Ferrando Clemente, C. 2015. Guía de prácticas correctas de higiene en el sector del hielo alimenticio.

Food authority. NSW. 2022. Considerations using HPP technology.

Gombau Escuin, J. y Palomares Hidalgo, S. 2012. Guía de prácticas correctas de higiene en el sector cárnico. Fedacova.

Gombau Escuin, J. y Palomares Hidalgo, S. 2013. Guía de prácticas correctas de higiene del sector de helados y horchatas. Fedacova.

Palomares Hidalgo, S. 2014 Guía de prácticas correctas de higiene en el sector del pescado. Fedacova.

Romero Castelló, A. y Esteve Navarro, M. 2008. Guía de prácticas correctas de higiene en el sector lácteo. Fedacova.

USDA. Guidebook for the preparation of HACCP plans.